한 권으로 끝내는 도형과 규칙

김수현 지음 · 전진희 그림

여러 가지 모양 ▶ 비교하기 ▶ 규칙 찾기

일상생활 속에서 배우는 수학 개념!

카시오페아
Cassiopeia

일상생활 속에서 시작하는
수학 개념 공부

안녕하세요. 초등학교에서 아이들과 함께 지내고 있는 초등 교사 김수현입니다. 지금으로부터 거의 10여 년 전인 지난 2013년 『한 권으로 끝내는 초등학교 입학 준비』를 출간하고, 그때부터 저는 아이의 수학 공부에 대한 고민을 털어놓는 부모님들을 여러 곳에서 만날 수 있었습니다. 그 과정에서 '수학'이라는 과목에 대한 왜곡된 생각으로 인해 큰 부담을 느끼는 분들이 생각보다 많다는 사실도 알게 되었습니다. 부모님이 아니라 아이가 공부하는 것인데도요.

사실 수학에 대한 부담을 가지는 가장 큰 이유는 지금 당장, 이른바 선행 학습을 하지 않으면 상급 학교에 진학했을 때 시험에서 고득점을 받지 못할 것이라는 막연한 불안감 때문입니다. 그리고 이러한 불안감은 원하든 원하지 않든 아이의 현재 연령과는 맞지 않는 과도한 수학 공부로 이어집니다. 옆집 아이가 수학 문제를 척척 풀어내는 모습을 보며 조바심을 느낍니다. '우리 아이도 얼른 시작해야겠다. 정말 늦었다. 그러니 부지런히 쫓아가야겠다!'라는 결연한 다짐까지 합니다.

저는 정말로 강조하고 싶습니다. 초등학교 입학을 앞둔, 혹은 초등 1학년 시기를 보내는 아이들의 수학은 절대로 부담스러운 것이 아니라는 사실을요. 오히려 부담스러워해서는 안 된다고 거듭 이야기하고 싶습니다. 이 시기의 아이들에게 필요한 것은 명백히 따로 있습니다.

그것은 바로 '재미'와 '성취감'입니다. "아하!" 하면서 이해하고, "이게 뭐냐면요…"라고 입을 떼면서 즐거운 마음으로 기꺼이 설명하고자 하는 자세입니다. 다시 말해서 쉬운 과제를 즐겁게 배우고 익힐 수 있어야 합니다. 그래서 연령, 수준, 발달 단계 각각에 적합한 과제의 내용과 적당한 분량은 필수 요소입니다. 수학 문제를 한꺼번에 너무 많이 풀어서도 안 되고, 너무 적게 풀어서도 안 됩니다. 왜냐하면 이 시기의 수학은 그야말로 '재미'로 시작해서 '자신감'으로 끝나야 하기 때문이지요. 초등학교 수학에서 다루는 5대 영역을 한번 살펴보겠습니다.

① **수와 연산**
② **도형**
③ **측정**
④ **규칙성**
⑤ **자료와 가능성**

이 중에서 아이들이 재미를 가장 많이 느낄 수 있는 영역이 바로 도형, 측정, 규칙성입니다. 이처럼 3가지 영역은 우리의 일상생활과 밀접한 관련이 있기 때문입니다. 그런데 참 이상합니다. 초등 교사로 오랜 시간을 지내면서 수많은 아이들을 관찰한 결과, 고학년 아이들이 유독 도형, 측정, 규칙성을 어려워한다는 사실을 발견했습니다. 재미를 많이 느낄 수 있다면 쉬워야 하는데 아니었던 것이지요. 사실 '수와 연산'은 따로 시간을 내어 조금만 연습하면 금방 따라잡기도 하는데, '도형, 측정, 규칙성'은 좀처럼 그 감각을 따라잡기가 어렵습니다. 고학년 아이들과 이야기를 나눠 보면 수학 공부할 때 이 영역들이 막연히 어렵다고 고민을 토로하는 경우가 생각보다 많습니다.

사실 도형, 측정, 규칙성만큼 수학에서 쉬운 영역이 없는데, 한편으로는 그만큼 감각을 끌어올리기 어려운 영역도 없습니다. '규칙성' 영역을 한번 예로 들어 볼게요. 어떤 아이는 문제 속의 규칙을 너무나 쉽게 발견해서 30초면 해결할 것을, 또 다른 아이는 30분을 붙잡고 있어도, 아니 3시간을 붙잡고 있어도 해결하지 못합니다. 친구들이 큰 고민 없이 척척 해결하는 문제를, 본인은 좀처럼 갈피를 못 잡으니 자신감이 떨어질 수밖에 없지요. 사실은 우리의 일상생활과 밀접하게 연관되어 있는데도 말입니다. 집에서 천천히 주위만 둘러봐도 시계는 원, TV는 사각형 등 각기 다른 도형이 보이고, 컵에 물 한 잔을 따라 마시면서도 양의 많고 적음을 느끼며, 길거리를 걸으며 마주하는 보도블록 무늬에서 규칙을 발견하는 것처럼요.

2021년 저는 『한 권으로 끝내는 처음 수학 ① 수 세기와 덧셈 뺄셈』을 출간했습니다. 초등학교 입학을 앞둔 아이들에게 수 개념은 딱 이 정도만 즐겁게 알고 학교에 들어가도 충분하다는 이야기를 책을 통해 꼭 전달하고 싶었습니다. 이어서 이번에는 『한 권으로 끝내는 도형 규칙』을 세상에 내보냅니다. '수학'이라고 하면 모두가 제일 먼저 '숫자'와 '계산'을 떠올리지만, 이 책을 통해서 이렇게 재미있고 쉬운 내용도 수학이라는 사실을 아이들에게 알려 주고 싶습니다.

재미있고 쉬운 수학, 아이들이 처음부터 끝까지 완주하려면 양육자의 도움이 필요합니다. 아무리 쉬운 과제라도 끝까지 해내려는 의지를 품기에는 우리 친구들이 아직 어리기 때문입니다. 부모님이 묵묵히, 그리고 꾸준히 아이의 완주를 때로는 이끌고, 때로는 지켜보면서 있는 힘껏 응원해 주세요.

시작하기 전에 이것만은 꼭!

☑ 하루에 정해진 양을 공부할 수 있도록 도와주세요.

아이들은 대부분 자신 있는 과제를 만나면 한꺼번에 많이 하고 싶은 마음을 마구 표현합니다. 그렇다고 하루에 너무 많은 양의 공부를 하게 되면, 꾸준한 공부 습관을 기르는 데 역효과를 가져올 수 있답니다. 하루에 조금씩, 꾸준히 오래, 그렇지만 끝까지 완주할 수 있게 도와주세요.

☑ 실수를 다그치지 마세요.

어른의 눈에는 너무 쉬운 내용이 예비 초등 수학입니다. 그렇지만 아이의 눈높이에서 살펴보면 마냥 그렇지 않지요. 아이들은 때때로 실수하고, 잊고, 틀립니다. 그럴 때마다 실망감을 감추지 못하는 어른의 모습이 아이를 주눅 들게 합니다. "한번만 더 생각해 볼까?", "아깝게 답을 비껴갔어" 정도로 말하며 아이의 실수를 교정해 주세요.

☑ 칭찬과 격려는 필수입니다.

아이는 공부하면서 자주 망각하고, 다시 원점으로 돌아가기도 하면서 스스로 지치곤 합니다. 이때 무엇보다 칭찬과 격려가 필요합니다. "너는 꾸준히 잘하고 있어", "참 잘 배우고 있어", "열심히 노력하고 있어"라는 칭찬과 격려가 긍정적인 자기 성찰을 불러일으켜 공부에서뿐만 아니라 인생을 살아가며 유용하게 사용될 아이의 굳건한 뚝심이 된다는 사실을 잊지 마세요.

☑ 『한 권으로 끝내는 처음 수학 ① 수 세기와 덧셈 뺄셈』과 병행하세요.

수와 연산, 도형·측정·규칙성은 병렬 학습이 가능합니다. 그래서 동시에 진행해도 전혀 부담이 없습니다. 아이의 수학 공부 습관 정착을 위해 쉬운 과제를 꾸준히 하는 일에 도전해 보세요.

차례

유닛 가이드

UNIT 1 재미있는 그림 놀이

본격적인 수학 공부를 시작하기에 앞서 충분한 준비를 할 수 있도록 내용을 구성했습니다. UNIT 1을 통해 아이들은 그림과 모양을 인식하고, 분류하며, 구별하는 능력을 키울 수 있습니다. 어쩌면 다소 쉽게 느낄지도 모릅니다. 하지만 이러한 과정을 거치면서 아이들은 '이런 문제도 수학이구나!' 하며 수학에 대한 긍정적 인식을 차곡차곡 쌓아 나갑니다. 좋은 인식은 자연스럽게 공부하고 싶은 마음으로 이어지므로 아이를 지도하면서 시의적절하게 칭찬의 반응을 보여 주세요.

UNIT 2 분류하기

올바르게 분류하기 위해서는 올바른 기준이 필요합니다. 그래서 UNIT 2에서는 효율적으로 분류하기를 공부할 수 있도록 여러 가지 기준을 문제 상황으로 제시합니다. 이에 따라 아이들은 어떤 대상의 색깔과 모양, 기능과 성격 등을 기준으로 분류하는 경험을 하게 됩니다. 그러면서 같은 대상이라고 하더라도 기준이 달라지면 분류의 결과도 달라짐을 자연스럽게 배우고 익히게 됩니다. 사실 이와 같은 과정은 수

학뿐만 아니라 국어와 과학 교과에서도 꼭 필요한 부분입니다. UNIT 2를 통해 아이와 함께 쉽고 즐겁게 기초 분류 방법을 배우고 익혀 다른 과목 공부에도 활용해 보세요.

UNIT 3 여러 가지 모양

우리 주변은 여러 가지 모양(도형)으로 가득 차 있다고 해도 과언이 아닙니다. UNIT 3에서는 우리 주변에서 볼 수 있는 다양한 모양(도형)을 입체와 평면으로 구분해서 배우고 익혀 봅니다. 사각기둥, 원기둥, 구, 원, 삼각형, 사각형 등 구체적인 모양(도형)의 명칭은 아직 정확하게 몰라도 괜찮으니 부담을 가질 필요가 없습니다. 물론 아이가 모양(도형)의 정확한 명칭을 알고 싶어 한다면 가벼운 마음으로 알려주면 됩니다. UNIT 3을 공부하면서 아이들이 참 좋아하는 노래인 화이트의 '네모의 꿈'을 한번 들려줘 보세요. 수학 시간이 더욱 흥미롭고 즐거워질 것입니다.

UNIT 4 길이 비교하기

UNIT 4부터 UNIT 7까지는 '비교하기'를 배우고 익힙니다. 그중 첫 번째 유닛인 UNIT 4에서는 길이를 비교합니다. 길이 비교하기는 그 결과를 '길다'와 '짧다'라는 말로 표현해 볼 수 있습니다. 한편으로는 아이들이 국어를 공부하는 것처럼 느낄 수도 있습니다. 하지만 모든 공부는 서로 맞닿아 있다는 사실을 잊지 마세요. 아이와 함께 번갈아 가며 "무엇이 더 길까?", "무엇이 더 짧을까?"라고 일상생활에서 사용하는 물건을 가지고 이야기를 나누면 수학 공부가 보다 친근해질지도 모릅니다.

UNIT 5 무게 비교하기

UNIT 5에서는 무게를 비교합니다. 무게 비교하기는 그 결과를 '무겁다'와 '가볍다'라는 말로 표현해 볼 수 있습니다. 아이와 함께 번갈아 가며 "무엇이 더 무거울까?", "무엇이 더 가벼울까?"라고 일상생활에서 사용하는 물건을 가지고 이야기를 나눠 보세요. 이때 집에 있는 주방 저울을 적극 활용하면 수학이 조금 더 가깝게 느껴질 것입니다.

UNIT 6 넓이 비교하기

UNIT 6에서는 넓이를 비교합니다. 넓이 비교하기는 그 결과를 '넓다'와 '좁다'라는 말로 표현해 볼 수 있습니다. 넓이 비교하기는 비교하기 중에서 아이들이 가장 어려워하는 영역입니다. 눈대중으로 넓이를 비교하는 일은 시각 주의력이 아직 완벽하지 않은 아이들에게는 힘든 과제이기 때문입니다. 다소 난관이 있더라도 UNIT 6을 통해 넓이에 대한 감각을 배우고 익히면 앞으로 더욱 수월하게 넓이 비교를 할 수 있게 될 것입니다.

UNIT 7 양 비교하기

UNIT 7에서는 양을 비교합니다. 양 비교하기는 그 결과를 '많다'와 '적다'라는 말로 표현해 볼 수 있습니다. 예상외로 많은 아이들이 '많다'를 '크다'라고 생각하고, '적다'를 '작다'라고 생각합니다. 그래서 '많다'와 '적다'를 '크다'와 '작다'라고 말하는 오류를 범하기도 하지요. UNIT 7을 차근차근 공부해 나간다면 양을 표현하는 개념과 많이 친숙해질 수 있을 것입니다.

UNIT 8 똑같이 나누기

UNIT 8은 대체로 쉽지만 아주 중요한 내용을 다루고 있습니다. 초등 3학년 수학에서 처음으로 등장해 아이들을 힘들게 하는 '분수'의 하위 개념이 UNIT 8의 주제인 '똑같이 나누기(등분)'이기 때문입니다. 또 어떤 직선으로 접어서 완전히 겹쳐지는 도형인 '선대칭 도형'의 기본 개념이기도 합니다. 쉬워 보이지만 반드시 바르게 배우고 익혀서 지나가야 하는 이유가 여기에 있습니다. 꼼꼼히 확실하게 알고 넘어갈 수 있도록 지도해 주세요.

UNIT 9 퍼즐 놀이

UNIT 9에서는 서로 연관이 있는 모양 조각을 찾아봅니다. 모양을 인식하며 부분과 전체를 함께 조망하는 안목을 키울 수 있지요. 실제로 세세하게 제시하지 않아도 일부 모양만으로 전체 모양을 유추할 수 있는 논리적 추리력 또한 함께 기를 수 있습니다. UNIT 9에서 다루는 퍼즐은 과정만큼이나 결과도 중요하므로 아이가 스스로의 힘을 발휘해 퍼즐을 완성할 수 있도록 칭찬과 응원의 말을 많이 해 주세요.

UNIT 10 규칙 찾기

UNIT 10에서는 반복되는 규칙을 직관적으로 찾아내는 능력을 연마합니다. 간단한 규칙에 익숙해지면, 그보다 복잡한 규칙을 찾는 활동에도 자신감을 가질 수 있습니다. 마지막 유닛인 만큼 아이들이 끝까지 책을 완주한 사실에 대해 충분히 뿌듯한 성취감을 느낄 수 있으면 좋겠습니다. 성실하게 끝까지 해낸 아이들에게 작은 보상을 주는 것도 좋은 방법이겠지요.

이 책의 활용법

『한 권으로 끝내는 도형 규칙』은 이런 책이에요

여러 가지 모양, 길이·무게·넓이·양 비교하기, 똑같이 나누기, 규칙 찾기를 한 권으로 끝 냅니다. UNIT 1부터 UNIT 10까지 한 유닛 한 유닛 차근차근 따라가다 보면 어떤 아이 든지 힘들이지 않고 일상생활 속에서 수학 개념을 가장 쉽게 배우고 익힐 수 있습니다. 기초 수학의 내용을 초등 1학년 교과서에서 핵심만 추려 구성했기 때문입니다.

UNIT 1 재미있는 그림 놀이

본격적으로 수학 개념을 배우기 전에 놀이를 통해 쉽고 재미있게 준비 학습을 합니다. '이런 것도 수학 일까?'라고 생각될 만큼 쉬운 내용이 나오지만, 이어 지는 유닛을 공부하는 데 바탕이 되므로 최대한 꼼 꼼하게 짚고 넘어가야 합니다.

UNIT 2 분류하기

색깔, 모양, 용도 등 제시하는 기준에 따라 분류를 해 봅니다. 분류하기는 특히 여러 가지 모양과 규칙 찾기의 선수 학습입니다. 그러므로 내용이 다소 쉬 워 보여도 한번에 휘리릭 풀고 넘어가지 않고, 하나 씩 자세히 살펴야 합니다.

UNIT 3 여러 가지 모양

초등 1학년 수학 교과서의 커리큘럼에 따라 입체 도 형부터 평면 도형 순으로 내용이 이어집니다. 동그 라미, 세모, 네모 등 익숙한 평면 도형 대신 입체 도 형을 먼저 배우는 이유는 일상생활에서 흔히 접하는 물건들이 모두 입체 도형이기 때문입니다.

UNIT 4 길이 비교하기

학습 내용은 총 4단계로, 1단계에서는 길이 비교의 기초를 다지고, 2단계에서는 길이 비교를 다양한 방식으로 연습합니다. 3단계에서는 길이를 비교하는 말인 '길다'와 '짧다'를 학습합니다. 4단계에서는 길이 비교 놀이로 마무리합니다.

UNIT 5 무게 비교하기

학습 내용은 총 4단계로, 1단계에서는 무게 비교의 기초를 다지고, 2단계에서는 무게 비교를 다양한 방식으로 연습합니다. 3단계에서는 무게를 비교하는 말인 '무겁다'와 '가볍다'를 학습합니다. 4단계에서는 무게 비교 놀이로 마무리합니다.

UNIT 6 넓이 비교하기

학습 내용은 총 4단계로, 1단계에서는 넓이 비교의 기초를 다지고, 2단계에서는 넓이 비교를 다양한 방식으로 연습합니다. 3단계에서는 넓이를 비교하는 말인 '넓다'와 '좁다'를 학습합니다. 4단계에서는 넓이 비교 놀이로 마무리합니다.

UNIT 7 양 비교하기

학습 내용은 총 4단계로, 1단계에서는 양 비교의 기초를 다지고, 2단계에서는 양 비교를 다양한 방식으로 연습합니다. 3단계에서는 양을 비교하는 말인 '많다'와 '적다'를 학습합니다. 4단계에서는 양 비교 놀이로 마무리합니다.

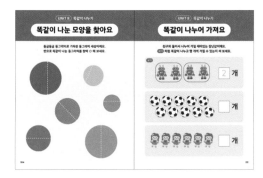

UNIT 8 · 똑같이 나누기

UNIT 8에서 나오는 똑같이 나누기는 서로 다른 2가지 개념입니다. 첫 번째는 하나의 대상을 잘라서 똑같이 나누는 것이고, 두 번째는 개수가 여러 개인 대상을 같은 개수로 똑같이 나누는 것입니다. 2가지 개념을 혼동하지 않도록 유의해야 합니다.

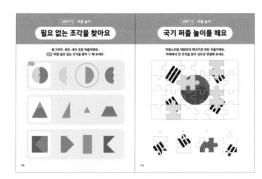

UNIT 9 · 퍼즐 놀이

앞에서 배우고 익힌 내용을 퍼즐 놀이를 통해 총 복습합니다. UNIT 2에서 배우고 익힌 색깔과 모양을 분류하는 방법, UNIT 3에서 배우고 익힌 여러 가지 모양에 대한 감각 등은 퍼즐 놀이를 함으로써 조금 더 탄탄하게 다질 수 있습니다.

UNIT 10 · 규칙 찾기

앞에서 배우고 익힌 내용을 '규칙 찾기'라는 개념을 통해 다시 한번 총 복습해 봅니다. 규칙 찾기에서 가장 중요한 것은 이미 제시된 규칙을 최대한 자세히 살펴 정확히 파악하는 태도입니다. 그래야 그다음에 이어질 규칙을 수월하게 찾을 수 있기 때문입니다.

보너스 영상
QR 코드를 스캔해 김수현 선생님이 직접 설명하는 책 소개를 만나 보세요.

보너스 부록
QR 코드를 스캔해 이 책의 답안지를 다운로드 받으세요.

최고 멋쟁이 ＿＿＿＿ (이)의
한 권 끝 계획표

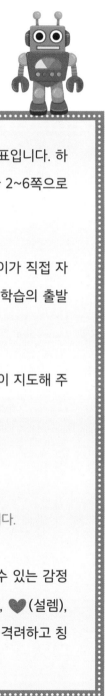

- 총 30일, 이 책을 공부하는 동안 아이가 사용하는 한 권 끝 계획표입니다. 하루 10분, 날마다 적당한 분량을 공부할 수 있도록 난이도에 따라 2~6쪽으로 구성했습니다.

- 한 권 끝 계획표를 사용하기 전, 가장 먼저 상단 제목 빈칸에 아이가 직접 자신의 이름을 쓰도록 지도해 주세요. 책임감을 기르고 자기 주도 학습의 출발점이 됩니다.

- 아이가 한 권 끝 계획표를 야무지게 활용할 수 있도록 다음과 같이 지도해 주세요.
  ❶ 공부를 시작하기 전, 한 권 끝 계획표에 공부 날짜를 씁니다.
  ❷ 공부 날짜를 쓴 다음, 공부 내용과 쪽수를 스스로 확인합니다.
  ❸ 책장을 넘겨서 신나고 즐겁게 그날의 내용을 공부합니다.
  ❹ 공부를 마친 후, 다시 한 권 끝 계획표를 펼쳐 공부 확인에 표시합니다.

- 한 권 끝 계획표의 공부 확인에는 공부를 잘 마친 아이가 느낄 수 있는 감정을 그림으로 담았습니다. 그날의 공부를 마친 아이가 ★(신남), ♥(설렘), ☺(기쁨)을 살펴보고 표시하면서 성취감을 느낄 수 있도록 많이 격려하고 칭찬해 주세요.

UNIT 1 재미있는 그림 놀이

	공부 날짜		공부 내용	쪽수	공부 확인
1일	월	일	그림자 찾기, 다른 부분 찾기	18~21쪽	⭐ ❤️ 😊
2일	월	일	같은 그림 따라가기, 반쪽 찾기	22~25쪽	⭐ ❤️ 😊
3일	월	일	반쪽 그리기, 반쪽 숫자&국기 찾기	26~29쪽	⭐ ❤️ 😊
4일	월	일	빙빙 돌린 동물&과일 찾기 빙빙 돌린 숫자&국기 찾기	30~33쪽	⭐ ❤️ 😊

UNIT 2 분류하기

	공부 날짜		공부 내용	쪽수	공부 확인
5일	월	일	같은 색깔&모양끼리 묶기 색깔&모양 미로 찾기	34~39쪽	⭐ ❤️ 😊
6일	월	일	짝꿍 찾기, 어울리는 물건 찾기	40~43쪽	⭐ ❤️ 😊

UNIT 3 여러 가지 모양

	공부 날짜		공부 내용	쪽수	공부 확인
7일	월	일	입체 도형 ▱, ⬭, ◯	44~47쪽	⭐ ❤️ 😊
8일	월	일	평면 도형 ◯, △, ◻	48~51쪽	⭐ ❤️ 😊
9일	월	일	조각 찾기, 모양으로 꾸미기	52~55쪽	⭐ ❤️ 😊

UNIT 4 길이 비교하기

	공부 날짜		공부 내용	쪽수	공부 확인
10일	월	일	더 긴 것과 가장 긴 것 더 짧은 것과 가장 짧은 것	56~59쪽	⭐ ❤️ 😊
11일	월	일	길이 비교 연습 같은 길이&가장 긴 선 찾기	60~63쪽	⭐ ❤️ 😊
12일	월	일	가장 짧은 선&중간 길이의 선 찾기 길이 말하기, 길이 비교 놀이	64~67쪽	⭐ ❤️ 😊

UNIT 5 무게 비교하기

	공부 날짜		공부 내용	쪽수	공부 확인
13일	월	일	더 무거운 것과 가장 무거운 것 더 가벼운 것과 가장 가벼운 것	68~71쪽	⭐ ❤️ 🙂
14일	월	일	무게 비교 연습 같은 무게&가장 무거운 친구 찾기	72~75쪽	⭐ ❤️ 🙂
15일	월	일	가장 가벼운&중간 무게의 친구 찾기 무게 말하기, 무게 비교 놀이	76~79쪽	⭐ ❤️ 🙂

UNIT 6 넓이 비교하기

	공부 날짜		공부 내용	쪽수	공부 확인
16일	월	일	더 넓은 것과 가장 넓은 것 더 좁은 것과 가장 좁은 것	80~83쪽	⭐ ❤️ 🙂
17일	월	일	넓이 비교 연습 같은 넓이&가장 넓은 칸 찾기	84~87쪽	⭐ ❤️ 🙂
18일	월	일	가장 좁은&중간 넓이의 칸 찾기 넓이 말하기, 넓이 비교 놀이	88~91쪽	⭐ ❤️ 🙂

UNIT 7 양 비교하기

	공부 날짜		공부 내용	쪽수	공부 확인
19일	월	일	더 많이&가장 많이 담을 수 있는 것 더 적게&가장 적게 담을 수 있는 것	92~95쪽	⭐ ❤️ 🙂
20일	월	일	양 비교 연습 같은 양&가장 많은 양 찾기	96~99쪽	⭐ ❤️ 🙂
21일	월	일	가장 적은 양 찾기 양에 따라 숫자 연결하기 양 말하기, 양 비교 놀이	100~103쪽	⭐ ❤️ 🙂

UNIT 8 똑같이 나누기

공부 날짜			공부 내용	쪽수	공부 확인
22일	월	일	똑같이 나눈 모양 찾기	104~107쪽	⭐ ♥ ☺
23일	월	일	똑같이 나누고 조각 수 쓰기 똑같이 나누어 먹기&가지기 똑같이 나눌 수 있는 것	108~113쪽	⭐ ♥ ☺

UNIT 9 퍼즐 놀이

공부 날짜			공부 내용	쪽수	공부 확인
24일	월	일	똑같은 조각 찾기 퍼즐 조각 연결하기	114~117쪽	⭐ ♥ ☺
25일	월	일	필요 없는 조각 찾기 모양 보고 선 긋기	118~121쪽	⭐ ♥ ☺
26일	월	일	국기 퍼즐 놀이	122~123쪽	⭐ ♥ ☺

UNIT 10 규칙 찾기

공부 날짜			공부 내용	쪽수	공부 확인
27일	월	일	규칙에 따라 그리기 규칙에 따라 색칠하기	124~127쪽	⭐ ♥ ☺
28일	월	일	규칙에 따라 숫자&글자 쓰기 규칙에 따라 나타내기	128~131쪽	⭐ ♥ ☺
29일	월	일	규칙에 따라 무늬 꾸미기	132~133쪽	⭐ ♥ ☺
30일	월	일	체조 동작 규칙 찾기 간식 따라 집에 가기	134~135쪽	⭐ ♥ ☺

그림자를 찾아요

동물 친구들이 그림자를 찾고 있어요.
동물 친구들의 모습을 잘 보고 알맞은 그림자를 찾아 연결해 보세요.

그림자를 찾아요

상큼한 향기가 솔솔 나는 과일의 그림자를 찾고 있어요.
과일의 모양을 잘 보고 알맞은 그림자를 찾아 연결해 보세요.

다른 부분을 찾아요

커다란 코끼리와 귀여운 강아지가 있어요.
그림을 잘 보고 다른 부분을 찾아 오른쪽 그림에 ○ 해 보세요.

다른 부분을 찾아요

새콤달콤 맛있는 사과와 포도가 있어요.
그림을 잘 보고 다른 부분을 찾아 오른쪽 그림에 ○ 해 보세요.

같은 그림을 따라가요

같은 그림을 따라가면 가위로 오릴 색종이를 찾을 수 있어요.
기린 그림을 따라 선을 그으며 미로를 통과해 보세요.

같은 그림을 따라가요

같은 그림을 따라가면 예쁜 꽃을 꽂을 꽃병을 찾을 수 있어요.
딸기 그림을 따라 선을 그으며 미로를 통과해 보세요.

반쪽을 찾아요

동물 친구들의 반쪽을 찾을 시간이에요.
동물 친구들의 모습을 잘 보고 알맞은 반쪽을 찾아 연결해 보세요.

반쪽을 찾아요

과일의 반쪽을 찾을 시간이에요.
과일의 모양을 잘 보고 알맞은 반쪽을 찾아 연결해 보세요.

반쪽을 그려요

동그라미, 세모, 네모, 하트의 반쪽이 사라졌어요.
보기 처럼 나머지 반쪽을 차근차근 그려 보세요.

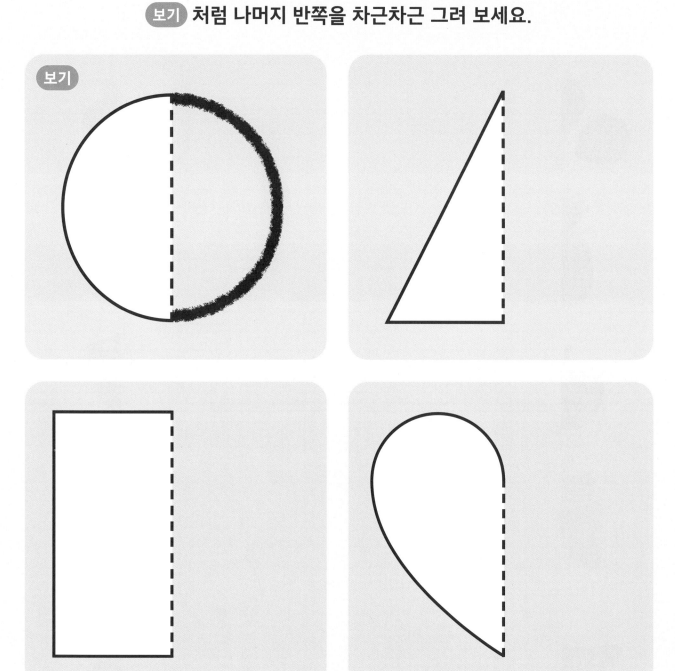

반쪽을 그려요

해, 구름, 꽃, 나비의 반쪽이 사라졌어요.
보기 처럼 나머지 반쪽을 차근차근 그려 보세요.

반쪽 숫자를 찾아요

1부터 9 사이의 숫자가 있어요.
반쪽으로 똑같이 나뉘는 하나의 숫자를 찾아 ○ 해 보세요.

반쪽 국기를 찾아요

세계 여러 나라의 국기가 있어요.
반쪽으로 똑같이 나뉘는 하나의 국기를 찾아 ○ 해 보세요.

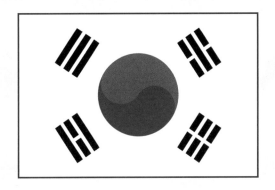

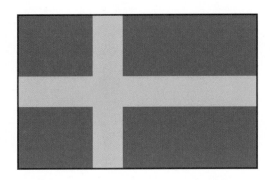

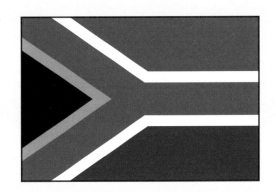

빙빙 돌린 동물을 찾아요

동물이 빙글빙글 돌고 있어요.
보기 처럼 빙빙 돌린 동물을 찾아 ○ 해 보세요.

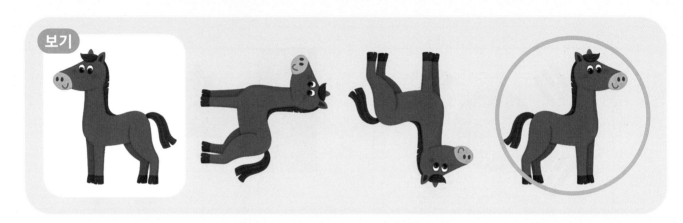

빙빙 돌린 과일을 찾아요

과일이 빙글빙글 돌고 있어요.
보기 처럼 빙빙 돌린 과일을 찾아 ○ 해 보세요.

빙빙 돌린 숫자를 찾아요

1부터 9 사이의 숫자가 빙글빙글 돌고 있어요.
보기 처럼 빙빙 돌린 숫자를 찾아 ○ 해 보세요.

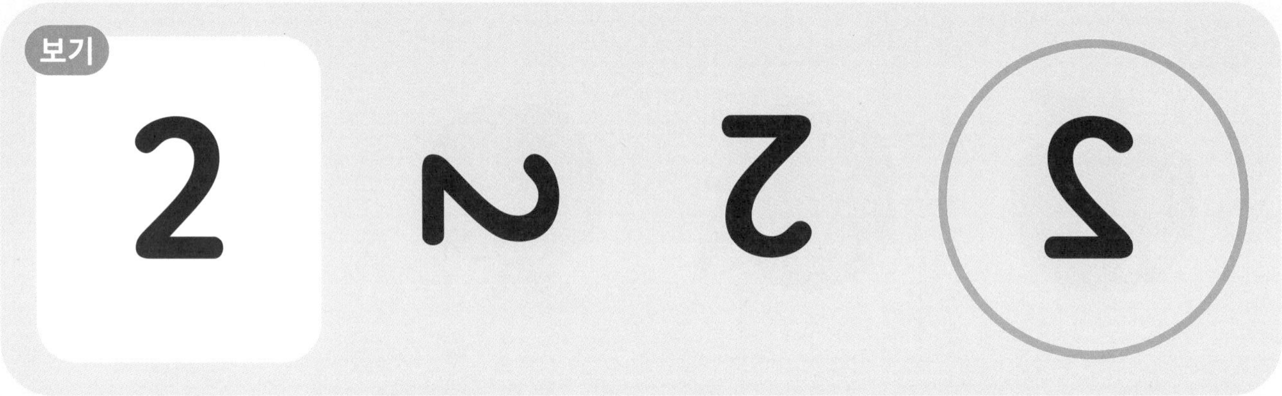

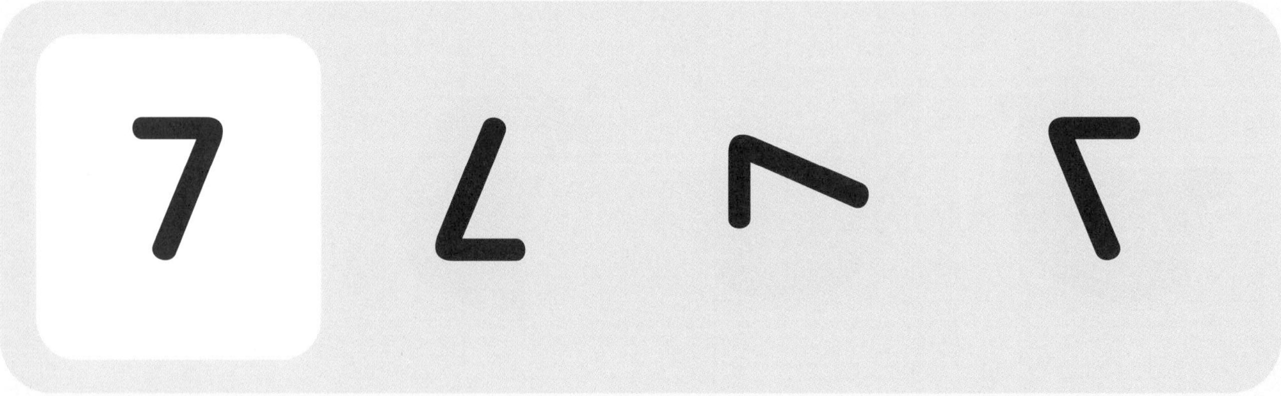

보기

2

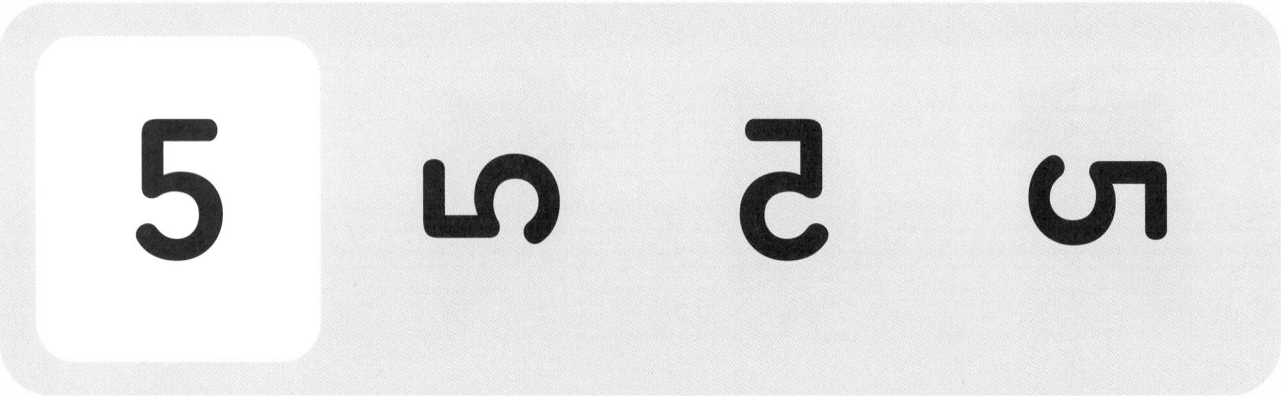

2 2 2

5

5 5 5

7

7 7 7

빙빙 돌린 국기를 찾아요

세계 여러 나라의 국기가 빙글빙글 돌고 있어요.
보기 처럼 빙빙 돌린 국기를 찾아 ○ 해 보세요.

보기

33

같은 색깔끼리 묶어요

사랑이 퐁퐁 샘솟는 하트가 알록달록 가득해요.
빨강, 파랑, 노랑 하트끼리 선을 그어서 묶어 보세요.

같은 색깔끼리 묶어요

반짝반짝 아름답게 빛나는 별이 알록달록 가득해요.
주황, 초록, 보라 별끼리 선을 그어서 묶어 보세요.

같은 모양끼리 묶어요

동그라미, 세모, 네모 모양으로 가득한 모양 마을에 놀러 왔어요.
같은 모양끼리 선을 그어서 묶어 보세요.

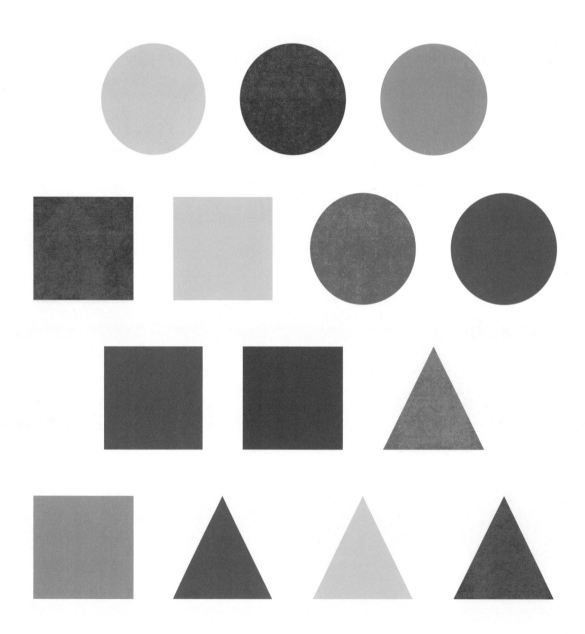

같은 모양끼리 묶어요

하트, 별, 꽃 모양으로 가득한 모양 정원에 놀러 왔어요.
같은 모양끼리 선을 그어서 묶어 보세요.

색깔 미로를 찾아요

꼬끼오 닭이 미로에서 병아리에게 줄 예쁜 인형을 찾고 있어요.
같은 색깔의 물고기를 따라 선을 그으며 미로를 통과해 보세요.

모양 미로를 찾아요

멍멍 강아지가 미로에서 새콤달콤 딸기를 찾고 있어요.
같은 모양의 잎을 따라 선을 그으며 미로를 통과해 보세요.

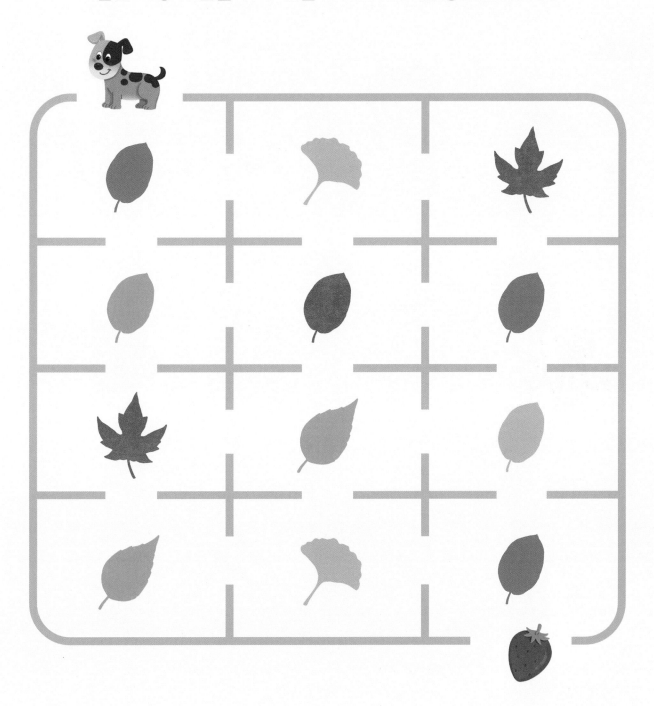

짝꿍을 찾아요

우리가 쓰는 여러 가지 물건이 있어요.
보기 처럼 물건의 짝꿍을 찾아 ○ 해 보세요.

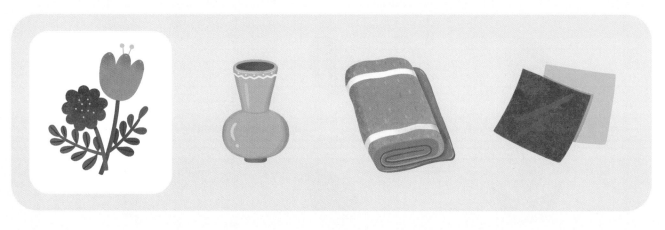

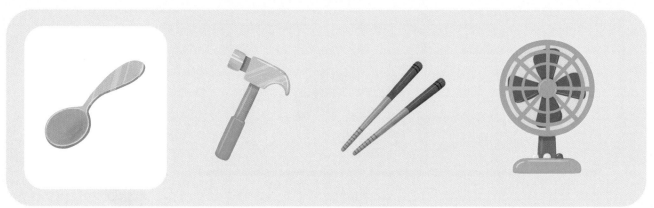

어울리는 물건을 찾아요

맛있는 음식을 만드는 부엌에서는 어떤 물건을 쓸까요?
그림을 잘 살펴보고 부엌에서 쓰는 물건을 찾아 ○ 해 보세요.

어울리는 물건을 찾아요

손발이 꽁꽁 추운 겨울에는 어떤 물건을 쓸까요?
그림을 잘 살펴보고 겨울에 쓰는 물건을 찾아 ○ 해 보세요.

모양을 찾아요

오늘은 룰루랄라 즐거운 봄 소풍 날이에요.
☐ 모양은 빨간색, ⬭ 모양은 파란색, ○ 모양은 노란색으로 ○ 해 보세요.

같은 모양끼리 연결해요

▨ , ▤ , ◯ 모양의 물건이 있어요.
왼쪽의 물건을 잘 보고 알맞은 모양을 찾아 연결해 보세요.

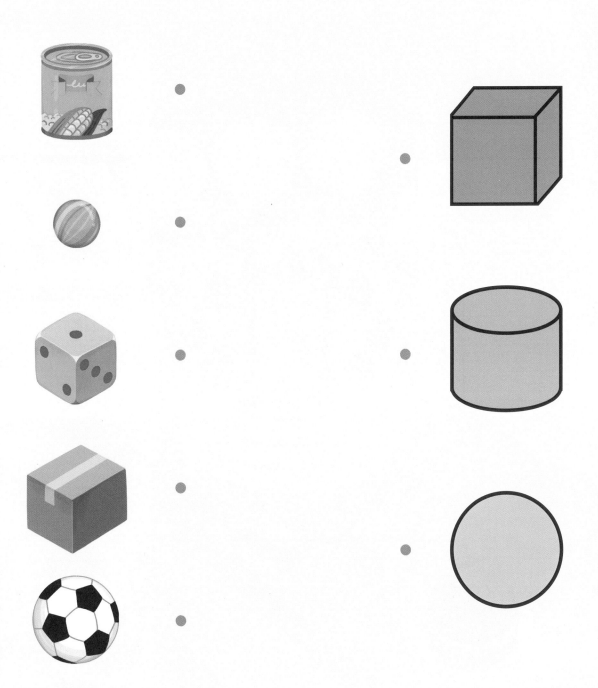

모양마다 다르게 색칠해요

오늘은 행복한 내 생일날이에요.
⬜ 모양은 빨간색, ⬛ 모양은 파란색, ◯ 모양은 노란색으로 색칠해 보세요.

다른 부분을 찾아요

여러 가지 모양으로 만든 멋진 성과 똑똑한 로봇이에요.
그림을 잘 보고 다른 부분을 찾아 오른쪽 그림에 ○ 해 보세요.

모양을 찾아요

뻐끔뻐끔 물고기들이 사는 바닷속이에요.
◯ 모양은 빨간색, △ 모양은 파란색, ☐ 모양은 노란색으로 ○ 해 보세요.

같은 모양끼리 연결해요

⬤ , △ , ⬜ 중 어떤 모양을 그리는 것일까요?
왼쪽의 물건을 잘 보고 그림 그리는 모양을 찾아 연결해 보세요.

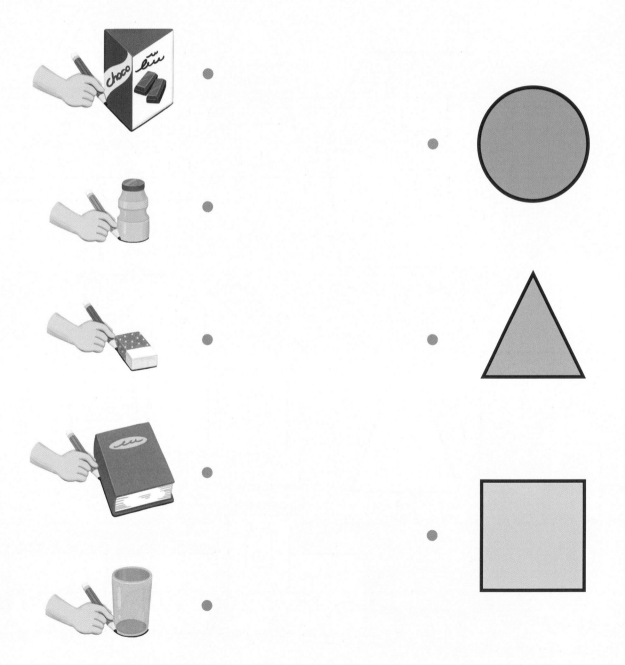

모양마다 다르게 색칠해요

예쁜 집들로 가득한 우리 마을이에요.
⬤ 모양은 빨간색, △ 모양은 파란색, ☐ 모양은 노란색으로 색칠해 보세요.

표지판 모양을 찾아 연결해요

길에서 볼 수 있는 ◯ , △ , ▢ 모양의 교통 표지판이에요.
왼쪽의 표지판을 잘 보고 알맞은 모양을 찾아 연결해 보세요.

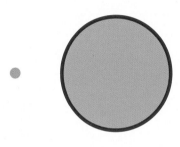

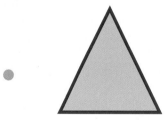

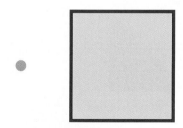

조각을 찾아요

랄랄라 신나는 칠교놀이 시간이에요.
그림을 잘 보고 맨 아래에서 쓰지 않은 조각을 찾아 ○ 해 보세요.

조각을 찾아요

하하 호호 즐거운 칠교놀이 시간이에요.
그림을 잘 보고 맨 아래에서 쓰지 않은 조각을 찾아 ○ 해 보세요.

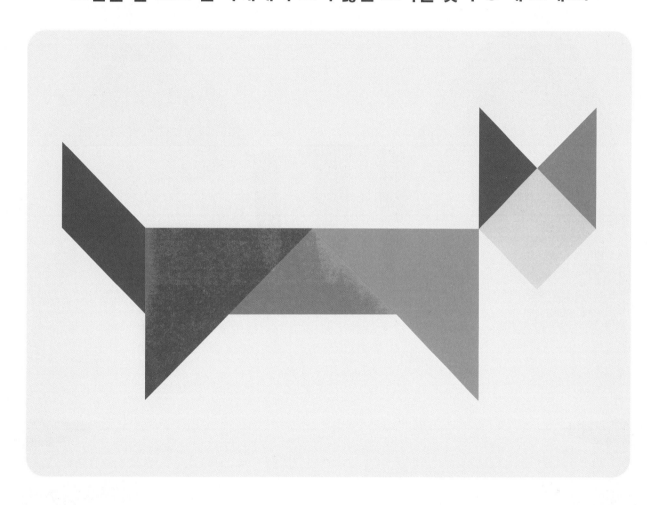

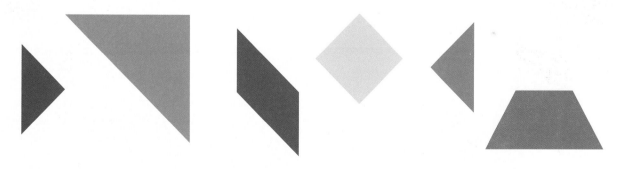

모양으로 꾸며요

야옹야옹 귀여운 고양이의 얼굴은 어떤 모습일까요?
◯ , △ , ▢ 모양으로 꾸며 보세요.

모양으로 꾸며요

소중한 내 티셔츠의 무늬가 사라져 버렸어요.
◯ , △ , ▢ 모양으로 꾸며 보세요.

더 긴 것을 찾아요

길이가 서로 다른 물건이 있어요.
물건을 잘 살펴보고 더 긴 것을 찾아 ○ 해 보세요.

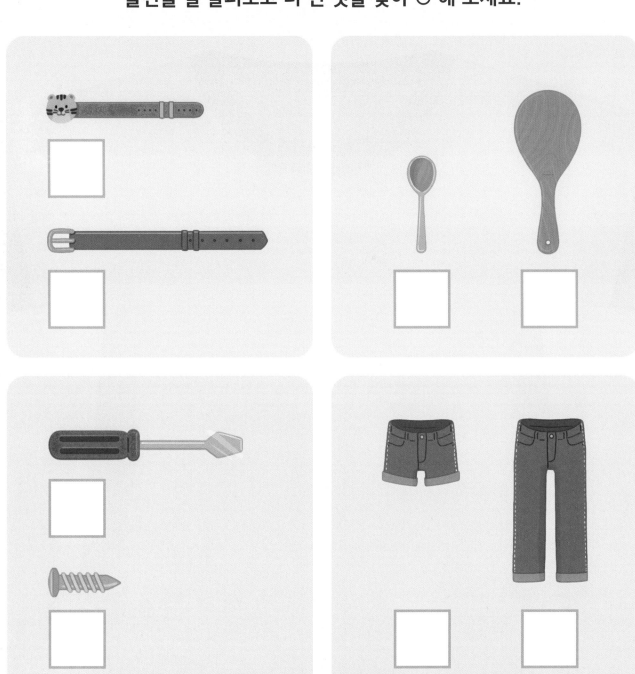

가장 긴 것을 찾아요

길이가 서로 다른 물건이 있어요.
물건을 잘 살펴보고 가장 긴 것을 찾아 ○ 해 보세요.

더 짧은 것을 찾아요

길이가 서로 다른 물건이 있어요.
물건을 잘 살펴보고 더 짧은 것을 찾아 ○ 해 보세요.

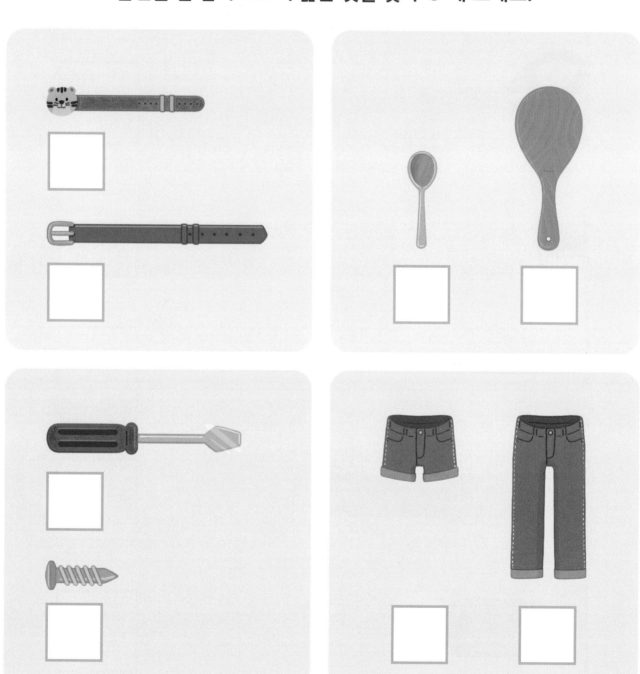

가장 짧은 것을 찾아요

길이가 서로 다른 물건이 있어요.
물건을 잘 살펴보고 가장 짧은 것을 찾아 ○ 해 보세요.

길이 비교를 연습해요

길이가 서로 다른 물건이 있어요.
보기 의 물건보다 더 긴 것을 찾아 모두 ○ 해 보세요.

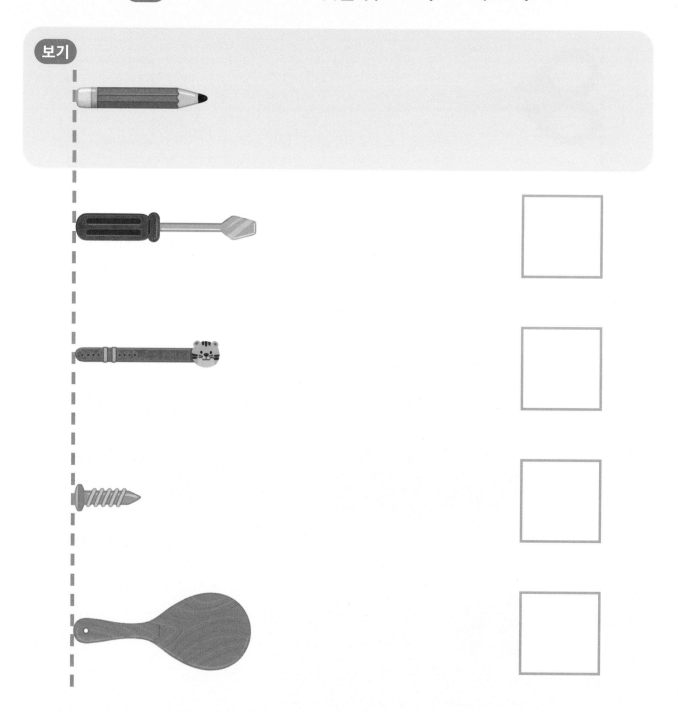

길이 비교를 연습해요

길이가 서로 다른 물건이 있어요.
보기 의 물건보다 더 짧은 것을 찾아 모두 ○ 해 보세요.

보기

같은 길이를 찾아요

반듯반듯 네모 칸에 길이가 서로 다른 선이 그어져 있어요.
보기 처럼 빨간색 선과 같은 길이의 선을 찾아 ○ 해 보세요.

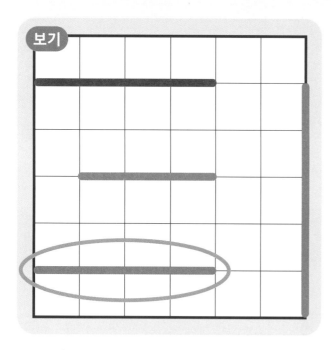

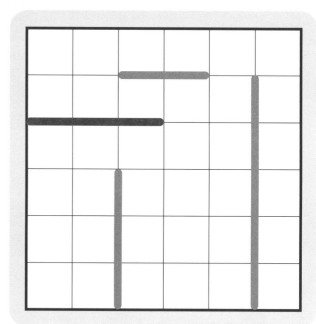

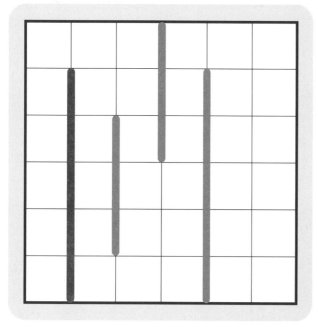

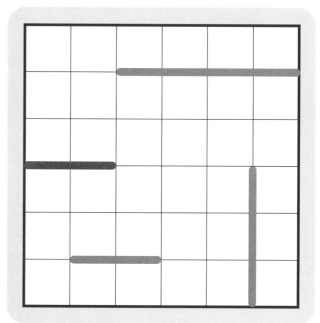

가장 긴 선을 찾아요

반듯반듯 네모 칸에 길이가 서로 다른 선이 그어져 있어요.
보기 처럼 가장 긴 길이의 선을 찾아 ○ 해 보세요.

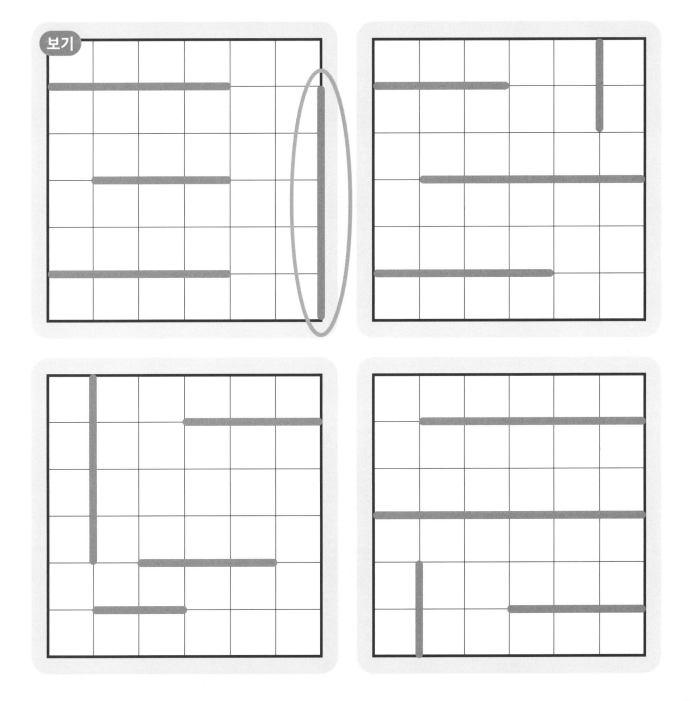

가장 짧은 선을 찾아요

반듯반듯 네모 칸에 길이가 서로 다른 선이 그어져 있어요.
보기 처럼 가장 짧은 길이의 선을 찾아 ○ 해 보세요.

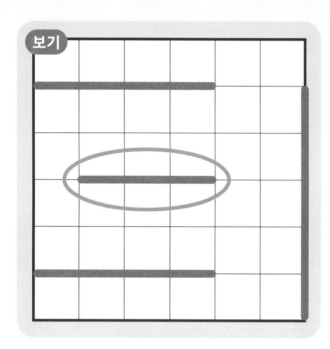

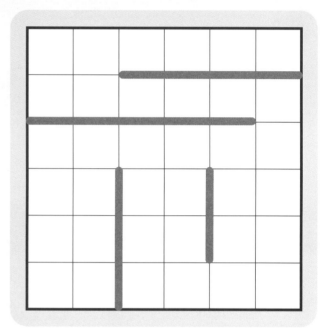

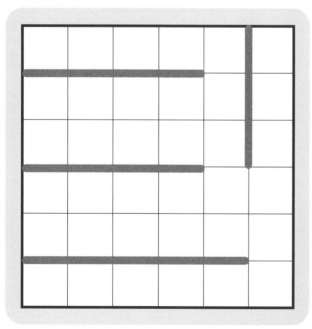

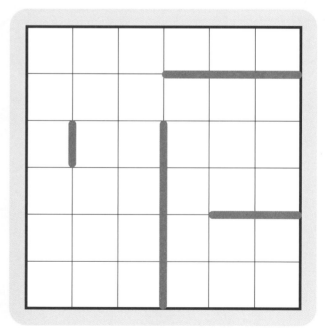

중간 길이의 선을 찾아요

반듯반듯 네모 칸에 길이가 서로 다른 선이 그어져 있어요.
보기 처럼 중간 길이의 선을 찾아 ○ 해 보세요.

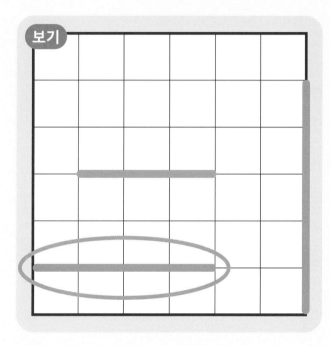

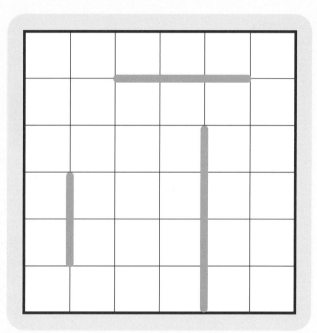

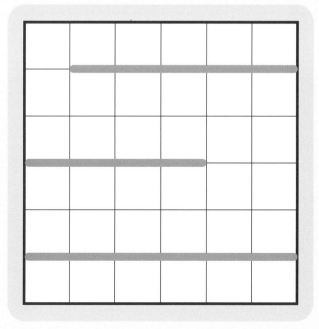

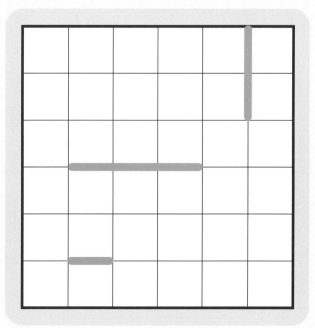

길이를 말해요

'짧다'와 '길다'는 길이를 나타내는 말이에요.
보기 처럼 길이를 잘 나타낸 말을 찾아 색칠해 보세요.

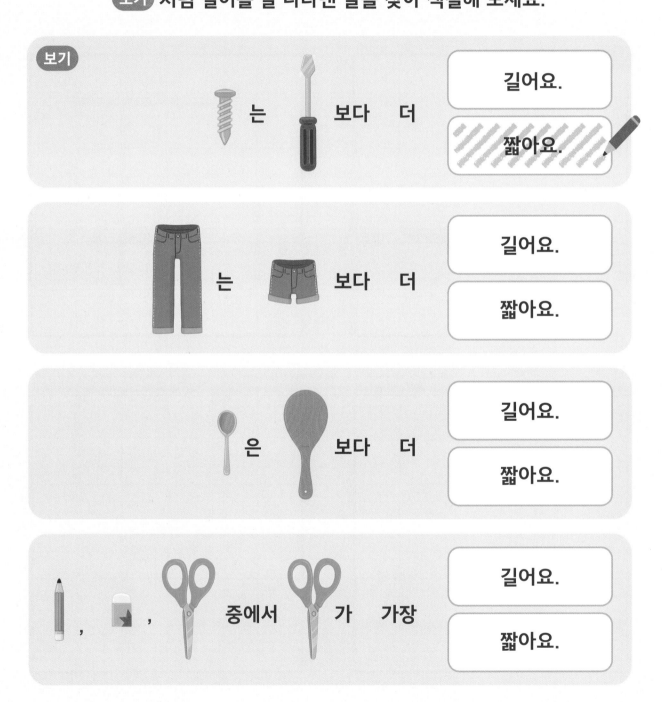

보기

는   보다   더   길어요. / 짧아요.

는   보다   더   길어요. / 짧아요.

은   보다   더   길어요. / 짧아요.

, , 중에서   가   가장   길어요. / 짧아요.

66

길이 비교 놀이를 해요

친구들이 운동장에서 실 전화기 놀이를 하고 있어요.
길이를 비교하면서 친구들의 실 전화기 줄을 그려 보세요.

더 무거운 것을 찾아요

무게가 서로 다른 물건이 있어요.
물건을 잘 살펴보고 더 무거운 것을 찾아 ○ 해 보세요.

가장 무거운 것을 찾아요

무게가 서로 다른 물건이 있어요.
물건을 잘 살펴보고 가장 무거운 것을 찾아 ○ 해 보세요.

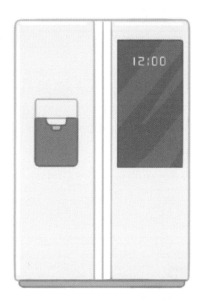

더 가벼운 것을 찾아요

무게가 서로 다른 물건이 있어요.
물건을 잘 살펴보고 더 가벼운 것을 찾아 ○ 해 보세요.

70

가장 가벼운 것을 찾아요

무게가 서로 다른 물건이 있어요.
물건을 잘 살펴보고 가장 가벼운 것을 찾아 ○ 해 보세요.

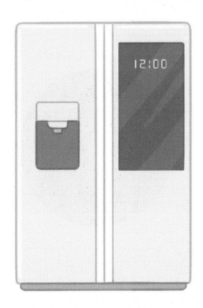

무게 비교를 연습해요

무게가 서로 다른 물건이 있어요.
보기 의 물건보다 더 무거운 것을 찾아 모두 ○ 해 보세요.

보기

무게 비교를 연습해요

무게가 서로 다른 물건이 있어요.
보기 의 물건보다 더 가벼운 것을 찾아 모두 ○ 해 보세요.

보기

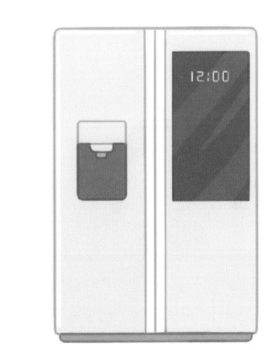

같은 무게의 친구는 누구일까요

친구들이 오르락내리락 시소를 타고 있어요.
보기 를 잘 살펴보고 같은 무게의 친구에게 ○ 해 보세요.

보기

가장 무거운 친구는 누구일까요

친구들이 오르락내리락 시소를 타고 있어요.
보기 를 잘 살펴보고 가장 무거운 친구에게 ○ 해 보세요.

가장 가벼운 친구는 누구일까요

친구들이 오르락내리락 시소를 타고 있어요.
보기 를 잘 살펴보고 가장 가벼운 친구에게 ○ 해 보세요.

중간 무게의 친구는 누구일까요

친구들이 오르락내리락 시소를 타고 있어요.
보기 를 잘 살펴보고 중간 무게의 친구에게 ○ 해 보세요.

무게를 말해요

'무겁다'와 '가볍다'는 무게를 나타내는 말이에요.
보기 처럼 무게를 잘 나타낸 말을 찾아 색칠해 보세요.

보기

은　　보다　더　　무거워요.

가벼워요.

은　　보다　더　　무거워요.

가벼워요.

은　　보다　더　　무거워요.

가벼워요.

, , 중에서　이　가장　무거워요.

가벼워요.

무게 비교 놀이를 해요

맛있는 냄새가 솔솔 풍기는 간식 저울이에요.
무게를 비교하면서 저울 한쪽에 간식을 마음껏 그려 보세요.

더 넓은 것을 찾아요

넓이가 서로 다른 물건이 있어요.
물건을 잘 살펴보고 더 넓은 것을 찾아 ○ 해 보세요.

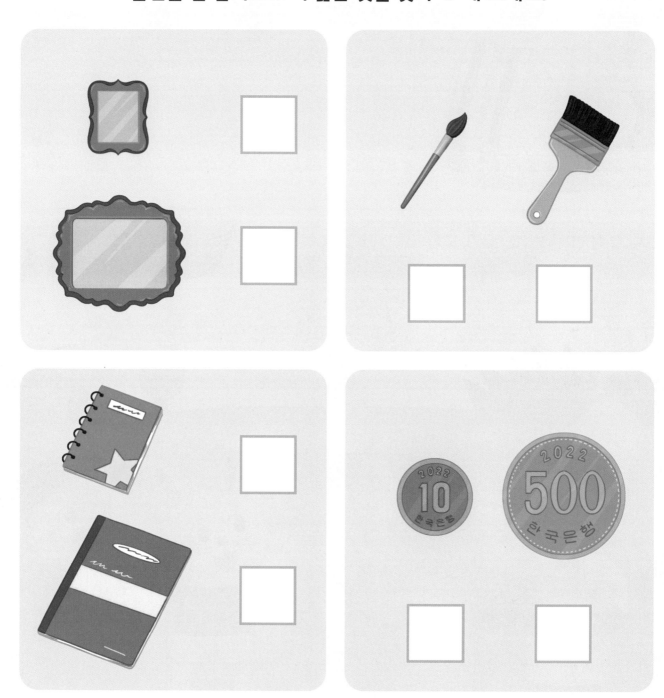

가장 넓은 것을 찾아요

넓이가 서로 다른 장소가 있어요.
장소를 잘 살펴보고 가장 넓은 것을 찾아 ○ 해 보세요.

더 좁은 것을 찾아요

넓이가 서로 다른 물건이 있어요.
물건을 잘 살펴보고 더 좁은 것을 찾아 ○ 해 보세요.

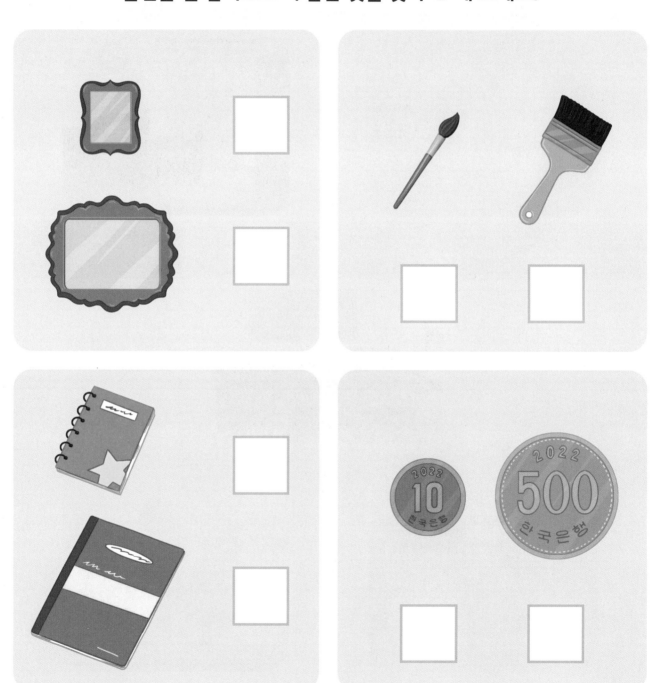

가장 좁은 것을 찾아요

넓이가 서로 다른 장소가 있어요.
장소를 잘 살펴보고 가장 좁은 것을 찾아 ○ 해 보세요.

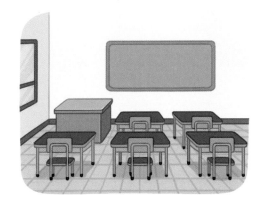

넓이 비교를 연습해요

동글동글 다양한 넓이의 동그라미가 가득해요.
보기 보다 넓은 동그라미를 찾아 색칠해 보세요.

보기

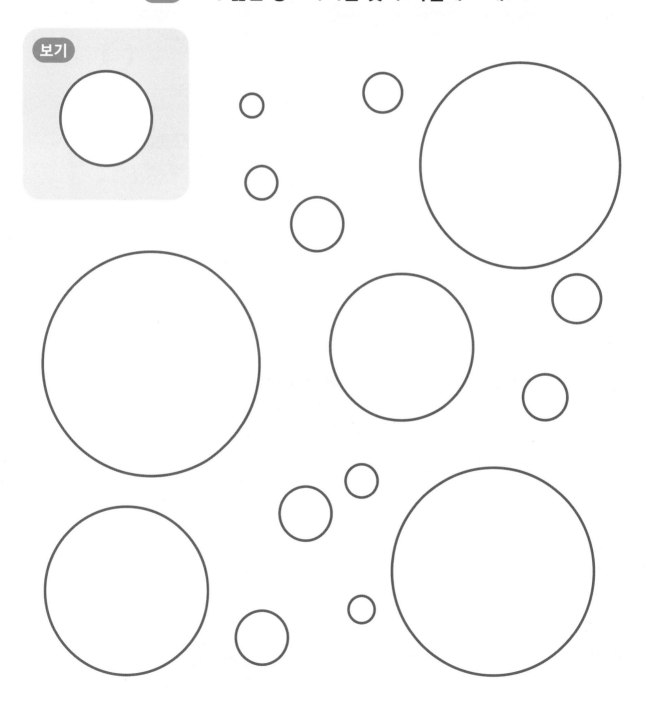

넓이 비교를 연습해요

반듯반듯 다양한 넓이의 네모가 가득해요.
보기 보다 좁은 네모를 찾아 색칠해 보세요.

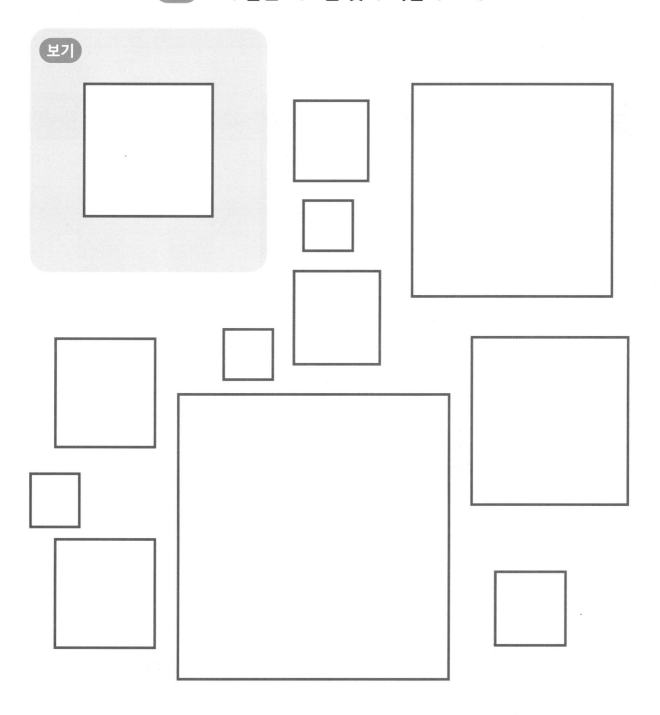

보기

같은 넓이를 찾아요

반듯반듯 네모 칸을 넓이가 서로 다르게 색칠해 놓았어요.
보기 처럼 빨간색으로 색칠한 칸과 같은 넓이를 찾아 ○ 해 보세요.

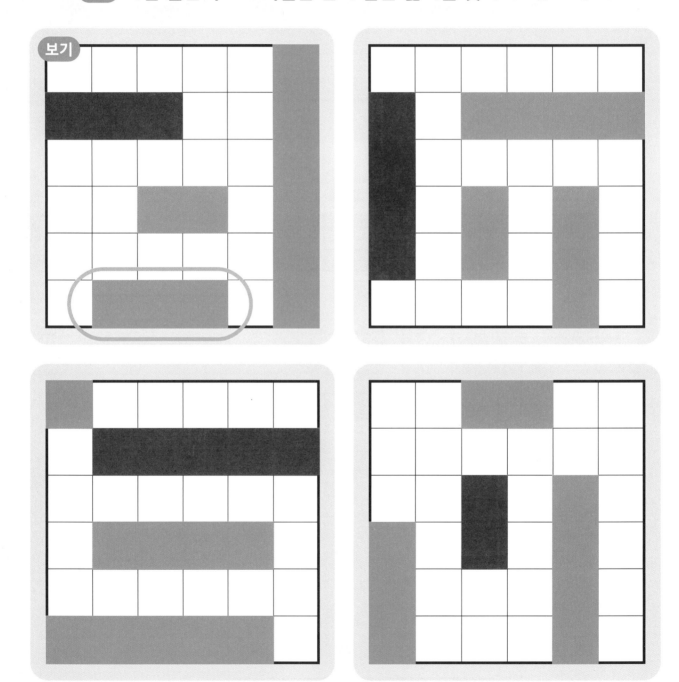

가장 넓은 칸을 찾아요

반듯반듯 네모 칸을 넓이가 서로 다르게 색칠해 놓았어요.
보기 처럼 가장 넓게 색칠한 칸을 찾아 ○ 해 보세요.

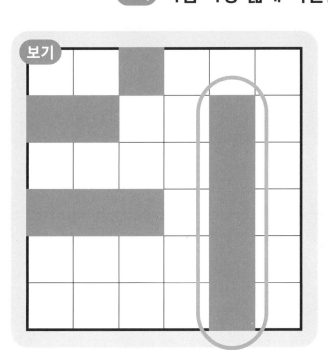

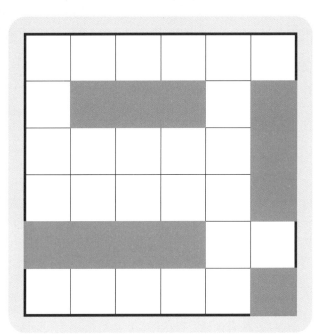

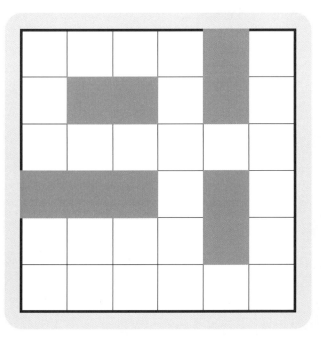

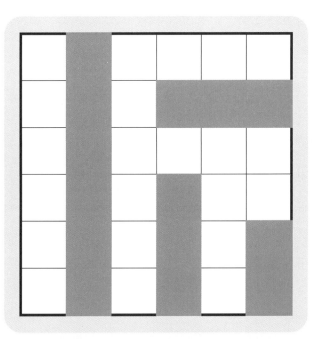

가장 좁은 칸을 찾아요

반듯반듯 네모 칸을 넓이가 서로 다르게 색칠해 놓았어요.
보기 처럼 가장 좁게 색칠한 칸을 찾아 ○ 해 보세요.

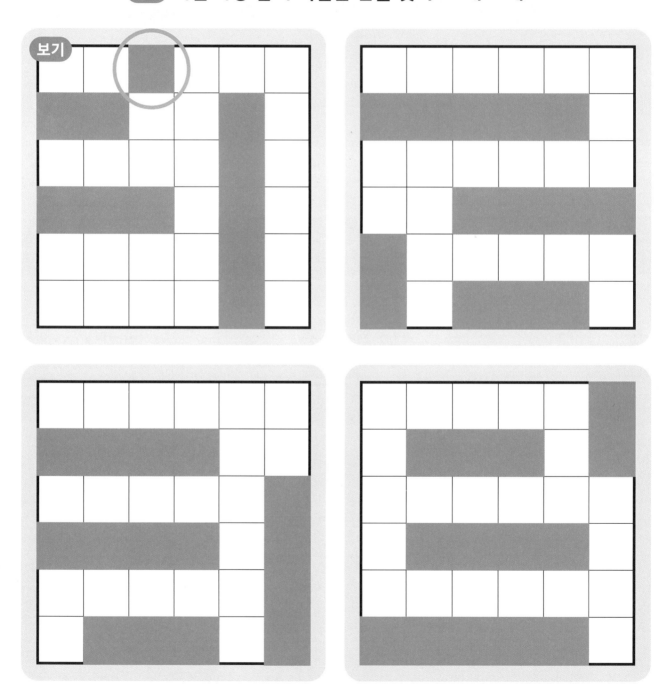

중간 넓이의 칸을 찾아요

반듯반듯 네모 칸을 넓이가 서로 다르게 색칠해 놓았어요.
보기 처럼 중간 넓이로 색칠한 칸을 찾아 ○ 해 보세요.

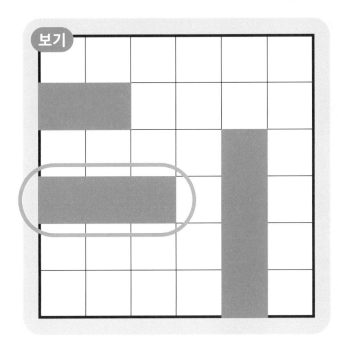

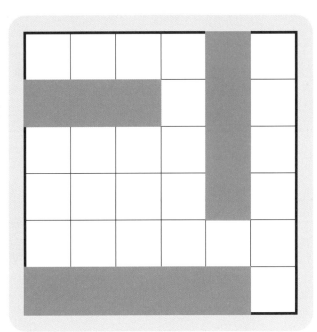

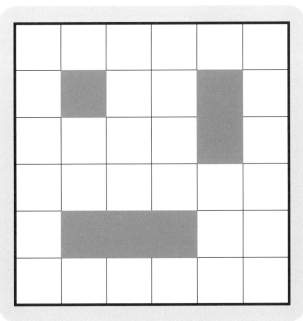

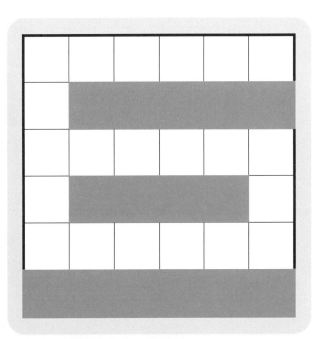

넓이를 말해요

'넓다'와 '좁다'는 넓이를 나타내는 말이에요.
보기 처럼 넓이를 잘 나타낸 말을 찾아 색칠해 보세요.

넓이 비교 놀이를 해요

친구들이 파란 하늘에서 둥둥 열기구를 타고 있어요.
넓이를 비교하면서 열기구에 달린 풍선을 그려 보세요.

더 많이 담을 수 있는 것을 찾아요

담을 수 있는 양이 서로 다른 물건이 있어요.
물건을 잘 살펴보고 더 많이 담을 수 있는 것을 찾아 ○ 해 보세요.

가장 많이 담을 수 있는 것을 찾아요

담을 수 있는 양이 서로 다른 물건이 있어요.
물건을 잘 살펴보고 가장 많이 담을 수 있는 것을 찾아 ○ 해 보세요.

더 적게 담을 수 있는 것을 찾아요

담을 수 있는 양이 서로 다른 물건이 있어요.
물건을 잘 살펴보고 더 적게 담을 수 있는 것을 찾아 ○ 해 보세요.

가장 적게 담을 수 있는 것을 찾아요

담을 수 있는 양이 서로 다른 물건이 있어요.
물건을 잘 살펴보고 가장 적게 담을 수 있는것을 찾아 ○ 해 보세요.

95

양 비교를 연습해요

물을 담을 수 있는 여러 가지 물건이 있어요.
보기 보다 더 많은 양을 담을 수 있는 물건에 ○ 해 보세요.

보기

양 비교를 연습해요

물을 담을 수 있는 여러 가지 물건이 있어요.
보기 보다 더 적은 양을 담을 수 있는 물건에 ○ 해 보세요.

보기

같은 양을 찾아요

서로 다른 양이 담긴 우유가 여러 병 있어요.
보기 와 같은 양의 우유가 담긴 병을 찾아 ○ 해 보세요.

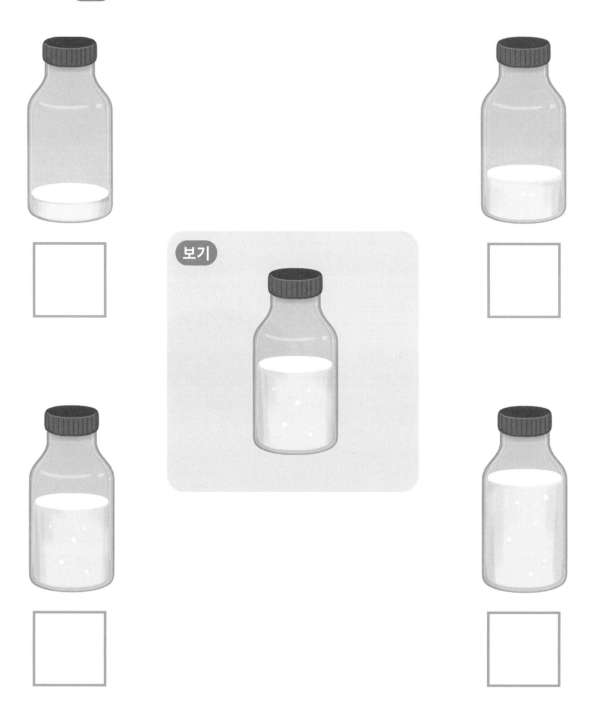

가장 많은 양을 찾아요

서로 다른 양이 담긴 우유가 여러 병 있어요.
가장 많은 양의 우유가 담긴 병을 찾아 ○ 해 보세요.

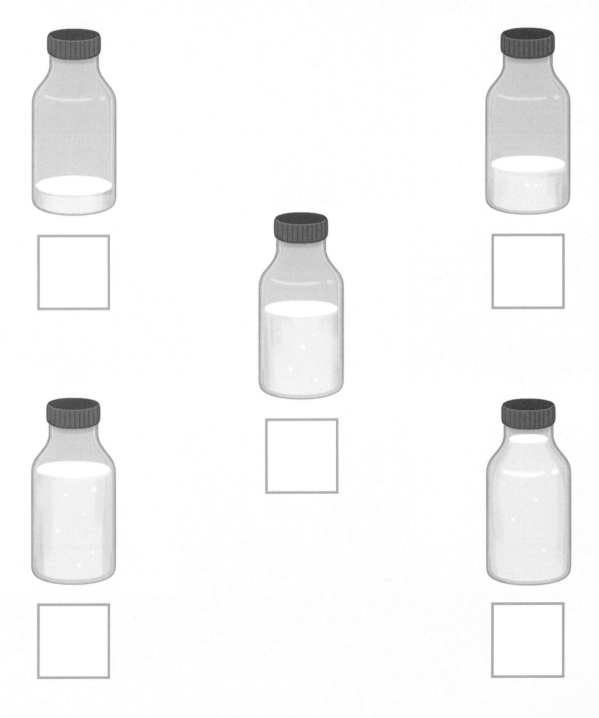

가장 적은 양을 찾아요

서로 다른 양이 담긴 우유가 여러 병 있어요.
가장 적은 양의 우유가 담긴 병을 찾아 ○ 해 보세요.

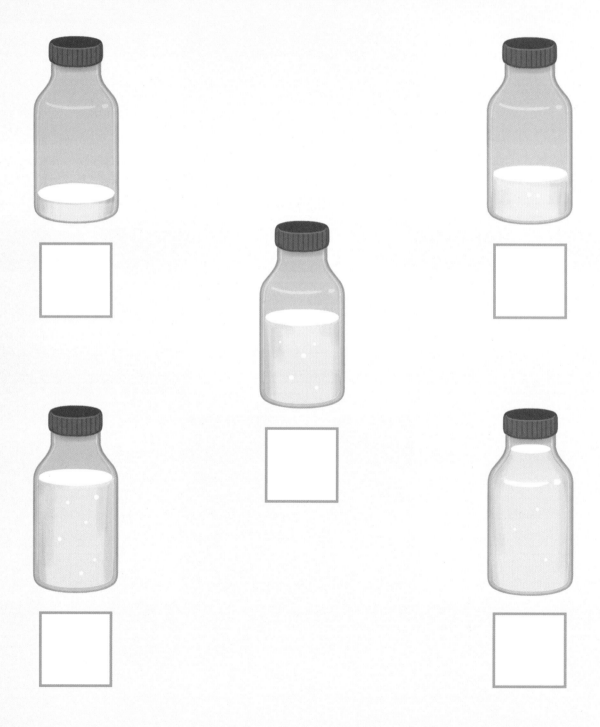

양에 따라 숫자를 연결해요

서로 다른 양이 담긴 우유가 여러 병 있어요.
가장 적은 양이 숫자 1일 때 양에 따라 순서대로 연결해 보세요.

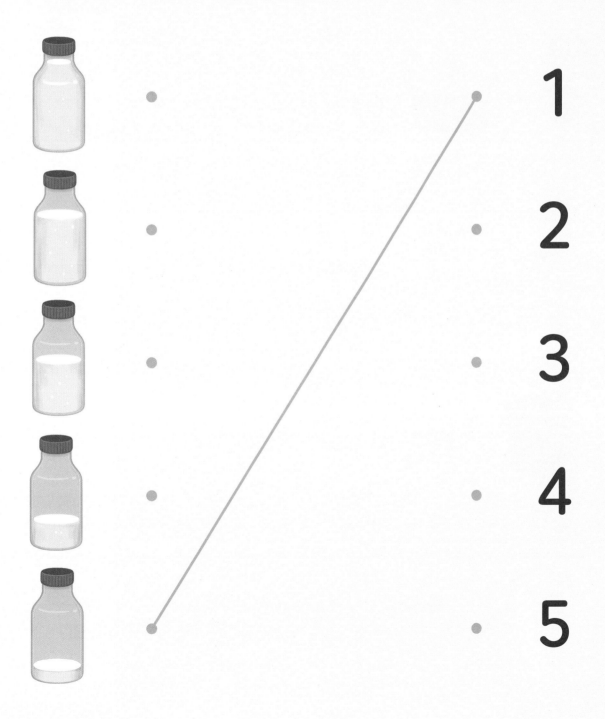

양을 말해요

'많다'와 '적다'는 양을 나타내는 말이에요.
보기 처럼 양을 잘 나타낸 말을 찾아 색칠해 보세요.

보기

은 보다 담을 수 있는 양이 더

많아요.

적어요.

은 보다 담을 수 있는 양이 더

많아요.

적어요.

는 보다 담을 수 있는 양이 더

많아요.

적어요.

, , 중에서 이 담긴 양이 가장

많아요.

적어요.

양 비교 놀이를 해요

오늘은 물 많이 담기 대회가 열리는 날이에요.
친구들의 등수를 보고 양을 비교하면서 양동이에 물을 그려 보세요.

똑같이 나눈 모양을 찾아요

동글동글 동그라미로 가득한 동그라미 세상이에요.
반으로 똑같이 나눈 동그라미를 찾아 ○ 해 보세요.

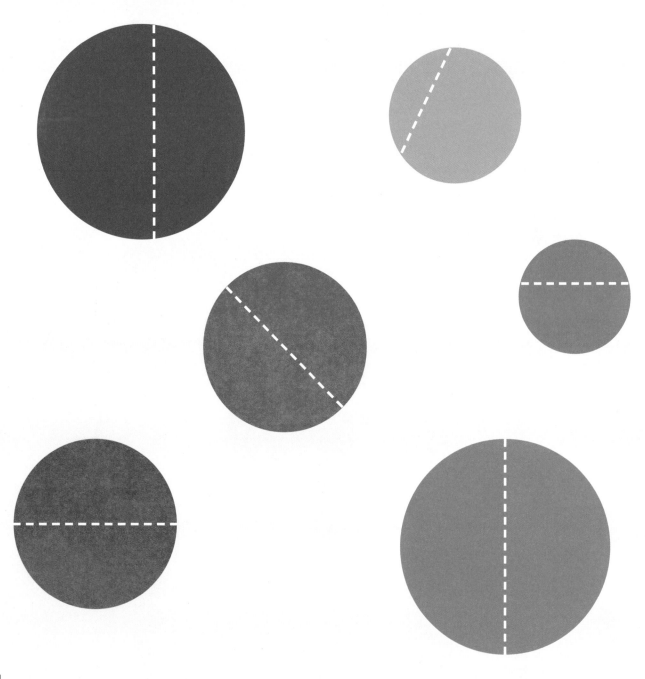

똑같이 나눈 모양을 찾아요

뾰족뾰족 세모로 가득한 세모 세상이에요.
반으로 똑같이 나눈 세모를 찾아 ○ 해 보세요.

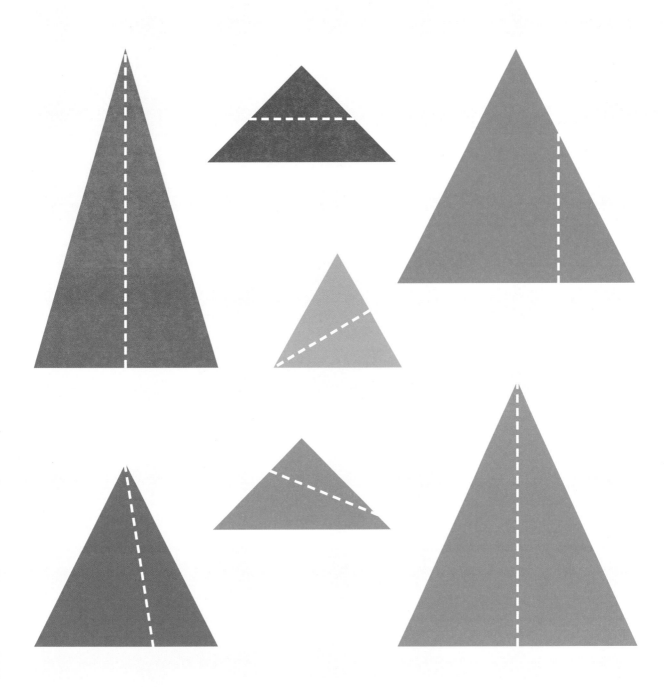

똑같이 나눈 모양을 찾아요

반듯반듯 네모로 가득한 네모 세상이에요.
반으로 똑같이 나눈 네모를 찾아 ○ 해 보세요.

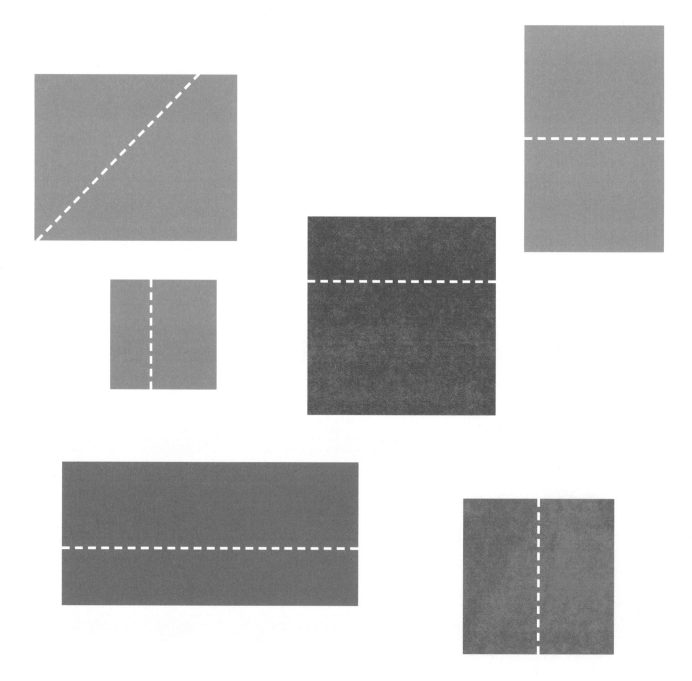

똑같이 나눈 모양을 찾아요

동그라미, 세모, 네모로 가득한 모양 나라예요.
반으로 똑같이 나눈 모양을 찾아 ○ 해 보세요.

똑같이 나누고 조각 수를 써요

동글동글 동그라미를 똑같이 나누려고 해요.
보기 처럼 마주 보는 점을 선으로 잇고 몇 조각으로 나뉘는지 써 보세요.

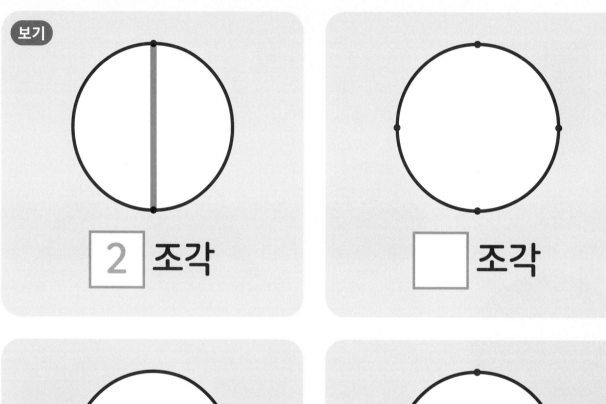

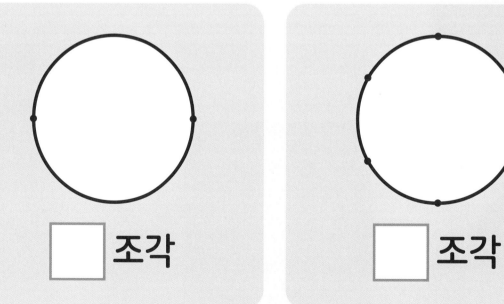

똑같이 나누고 조각 수를 써요

반듯반듯 네모를 똑같이 나누려고 해요.
보기 처럼 마주 보는 점을 선으로 잇고 몇 조각으로 나뉘는지 써 보세요.

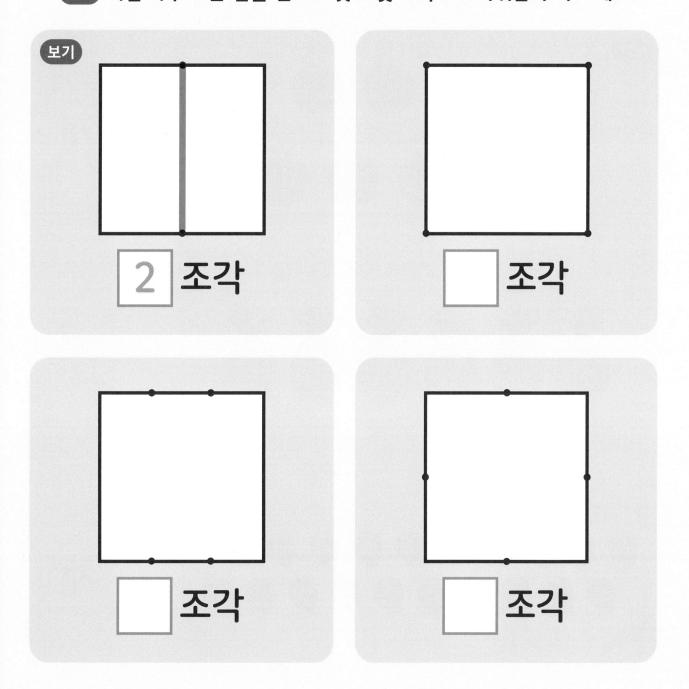

보기

2 조각

조각

조각

조각

똑같이 나누어 먹어요

친구와 둘이서 나누어 먹을 맛있는 과일이에요.
보기 처럼 똑같이 나누고 몇 개씩 먹을 수 있는지 써 보세요.

똑같이 나누어 가져요

친구와 둘이서 나누어 가질 재미있는 장난감이에요.
보기 처럼 똑같이 나누고 몇 개씩 가질 수 있는지 써 보세요.

똑같이 나눌 수 있어요

여러 가지 물건을 친구와 똑같이 나누려고 해요.
보기 처럼 물건을 똑같이 나눌 수 있으면 ○, 없으면 X 해 보세요.

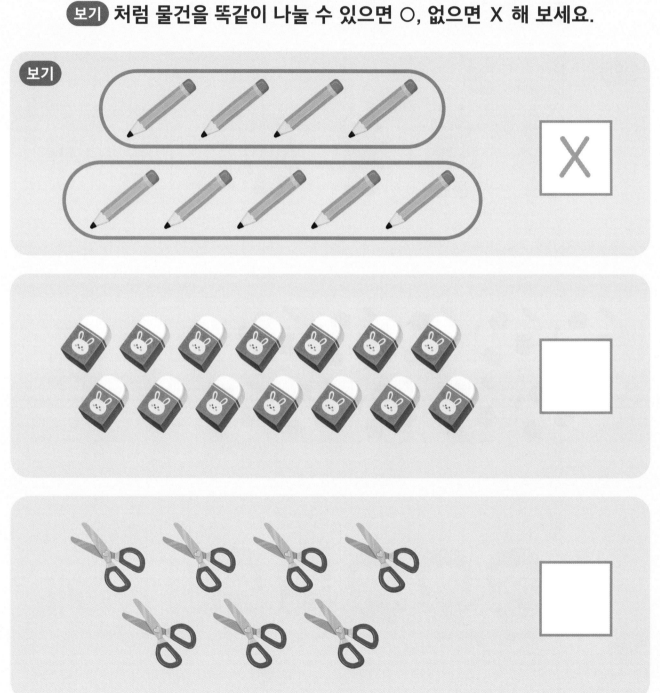

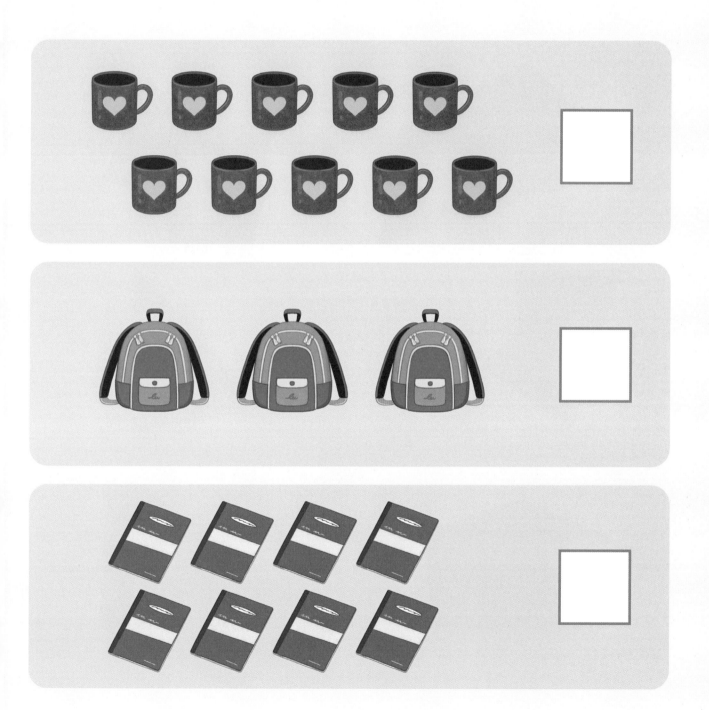

113

똑같은 조각을 찾아요

알쏭달쏭 뾰족뾰족 퍼즐 조각이 잔뜩 흐트러져 있어요.
크기와 모양이 똑같은 조각을 찾아 ○ 해 보세요.

114

똑같은 조각을 찾아요

알쏭달쏭 둥글둥글 퍼즐 조각이 잔뜩 흐트러져 있어요.
크기와 모양이 똑같은 조각을 찾아 ○ 해 보세요.

퍼즐 조각을 연결해요

동글동글 동그라미를 만들 수 있는 퍼즐 조각이에요.
조각의 모양을 잘 보고 동그라미가 되도록 알맞게 연결해 보세요.

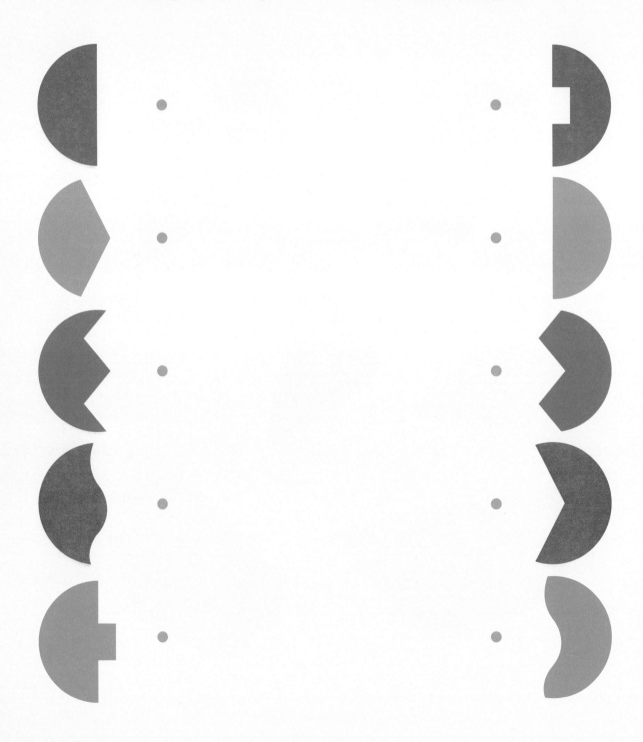

퍼즐 조각을 연결해요

반듯반듯 네모를 만들 수 있는 퍼즐 조각이에요.
조각의 모양을 잘 보고 네모가 되도록 알맞게 연결해 보세요.

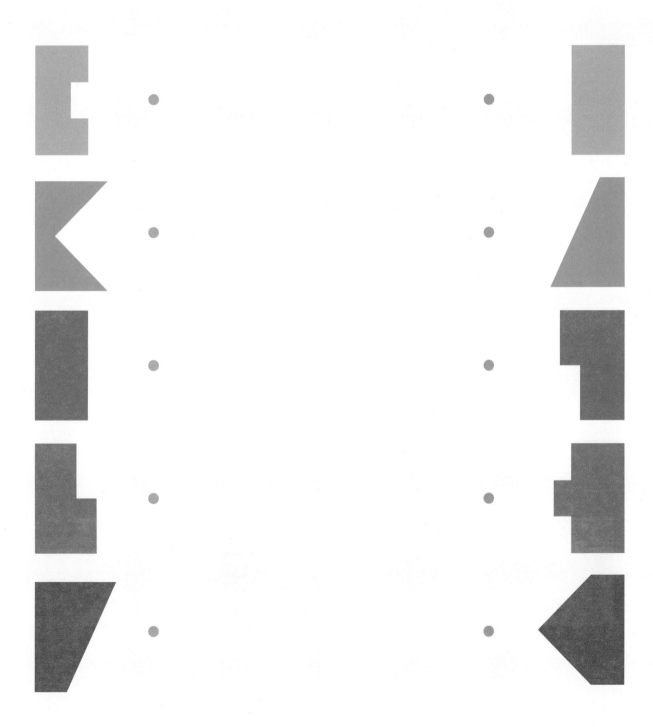

필요 없는 조각을 찾아요

동그라미, 세모, 네모 모양 퍼즐이에요.
보기 처럼 필요 없는 조각을 찾아 ○ 해 보세요.

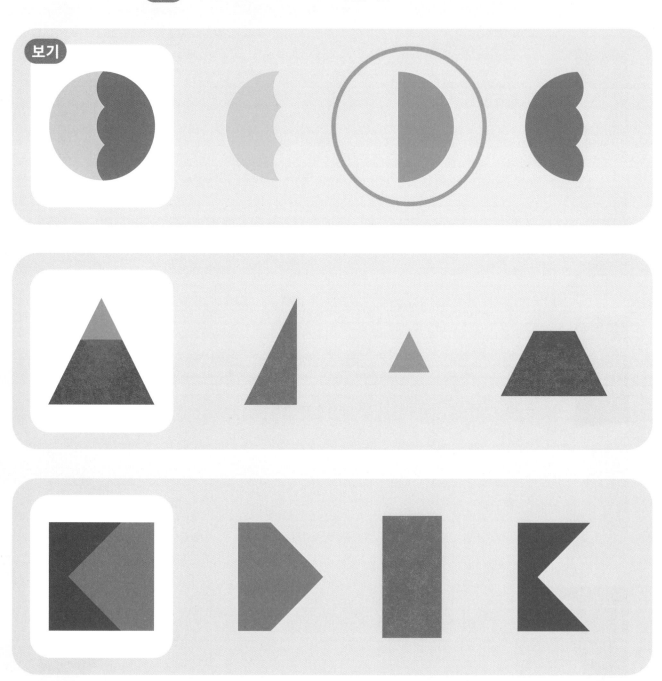

필요 없는 조각을 찾아요

꽃, 하트, 별 모양 퍼즐이에요.

보기 처럼 필요 없는 조각을 찾아 ○ 해 보세요.

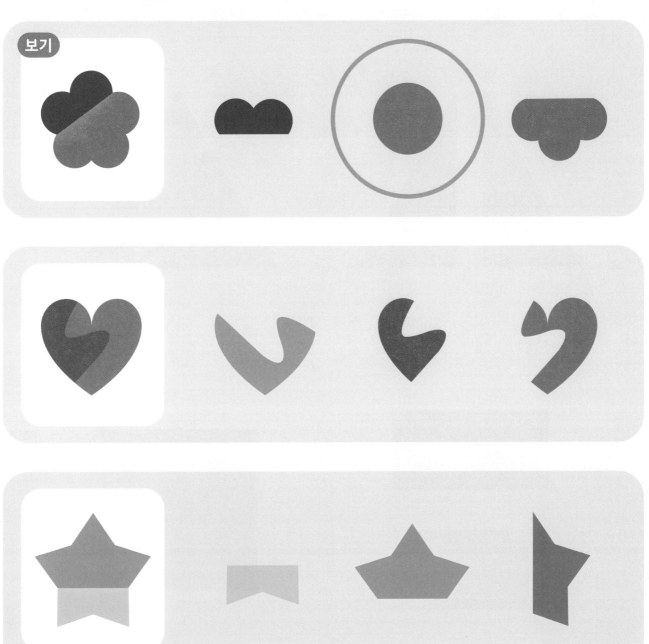

모양을 보고 선을 그어요

친구가 세모와 네모 퍼즐을 두 조각으로 나누었어요.
어떻게 두 조각으로 나누었는지 알맞게 선을 그어 보세요.

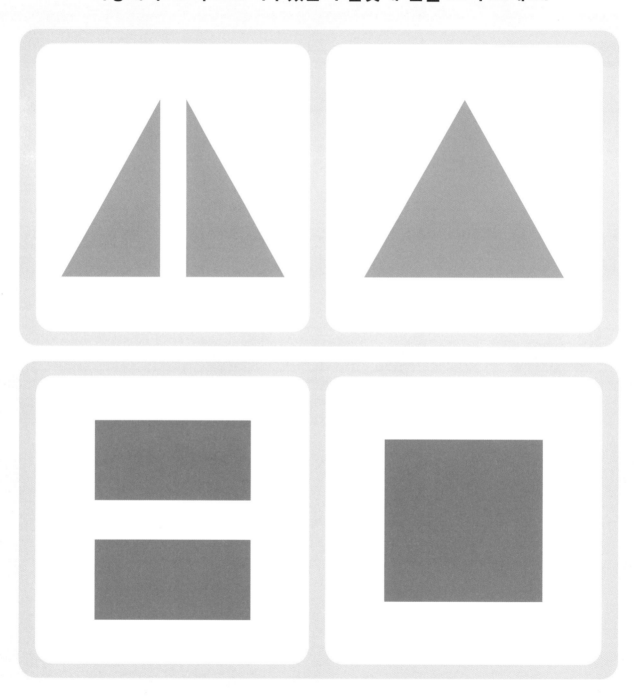

모양을 보고 선을 그어요

친구가 동그라미와 하트 퍼즐을 두 조각으로 나누었어요.
어떻게 두 조각으로 나누었는지 알맞게 선을 그어 보세요.

국기 퍼즐 놀이를 해요

자랑스러운 대한민국 태극기로 만든 퍼즐이에요.
아래에서 빈 조각을 찾아 선으로 연결해 보세요.

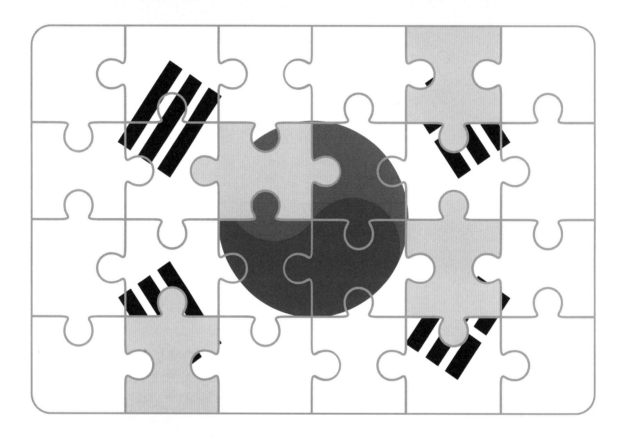

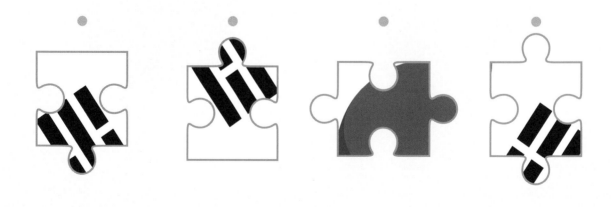

국기 퍼즐 놀이를 해요

별이 반짝반짝 미국 국기로 만든 퍼즐이에요.
아래에서 빈 조각을 찾아 선으로 연결해 보세요.

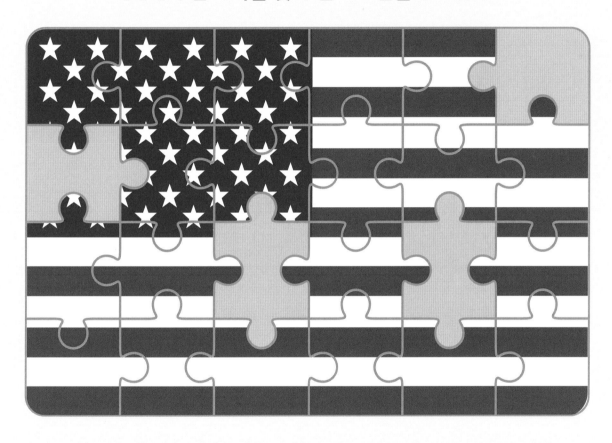

규칙에 따라 그려요

동그라미, 세모, 네모, 하트, 별 모양 나라에 놀러 왔어요.
보기 처럼 규칙에 따라 알맞은 모양을 그려 보세요.

보기

| ○ | △ | ○ | △ | ○ | △ | ○ | △ |

| □ | ▽ | □ | ▽ | □ | | | |

| ♡ | ☆ | ♡ | ☆ | ♡ | | | |

| ○ | △ | □ | ○ | △ | | | |

| ♡ | ♡ | ☆ | ♡ | | ☆ | ♡ | |

규칙에 따라 그려요

여러 가지 화살표로 가득한 화살표 나라에 놀러 왔어요.
보기 처럼 규칙에 따라 알맞은 모양을 그려 보세요.

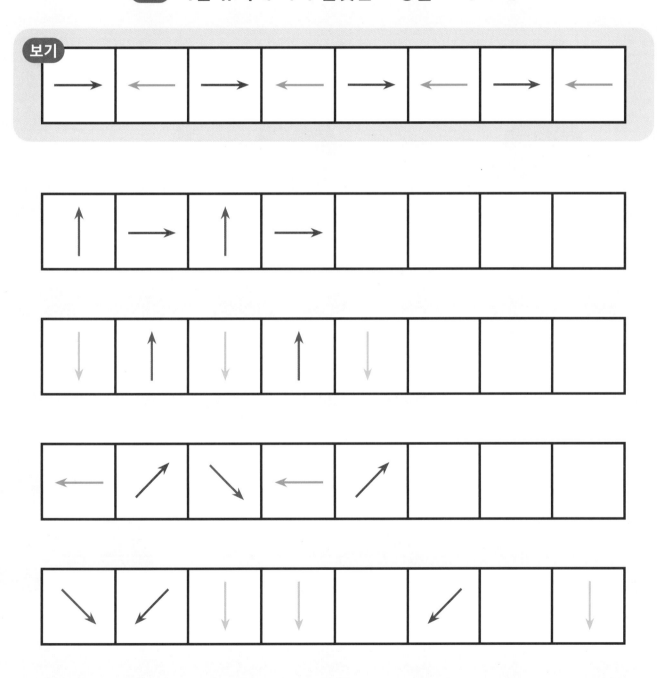

규칙에 따라 색칠해요

알록달록 예쁜 팔찌를 만드는 시간이에요.
팔찌 색깔을 잘 보고 규칙에 따라 알맞게 색칠해 보세요.

규칙에 따라 색칠해요

알록달록 튼튼한 튜브를 만드는 시간이에요.
튜브 색깔을 잘 보고 규칙에 따라 알맞게 색칠해 보세요.

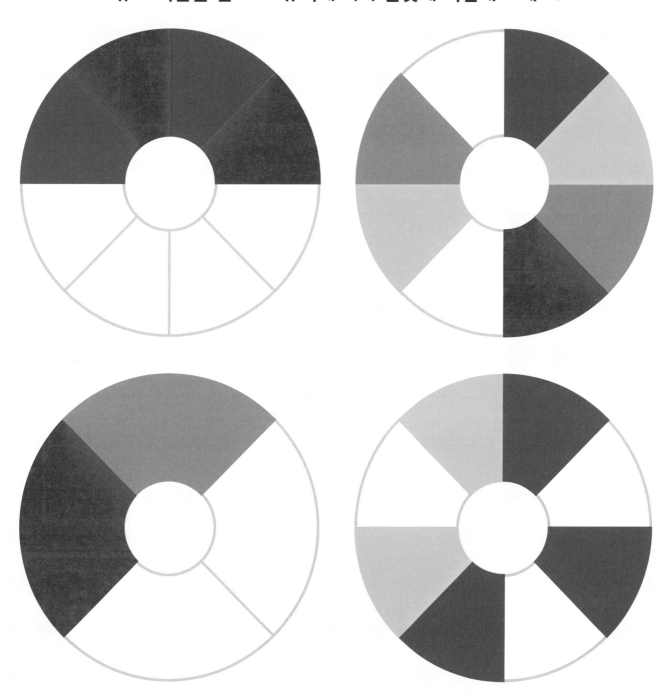

규칙에 따라 숫자를 써요

1, 2, 3, 4, 5, 6, 7, 8, 9 숫자 공부 시간이에요.
보기 처럼 규칙에 따라 알맞은 숫자를 써 보세요.

보기

1	5	1	5	1	5	1	5

2	4	2			4	2	4

9	8			9	8		

1	2	3	1		3	

7	6		7	6	5		6

규칙에 따라 글자를 써요

가, 나, 다, 라, 마, 바, 사, 아 글자 공부 시간이에요.
보기 처럼 규칙에 따라 알맞은 글자를 써 보세요.

보기

가	나	가	나	가	나	가	나

나	아	나	아				아

다	사	다		다	사		

마	바	사		바		마	

라	아	아	가	라			가

129

규칙에 따라 나타내요

규칙은 여러 가지 방법으로 나타낼 수 있어요.
보기 처럼 규칙에 따라 알맞은 모양을 그리거나 숫자를 써 보세요.

보기							
🍎	🍇	🍎	🍇	🍎	🍇	🍎	🍇
○	△	○	△	○	△	○	△

✏️	📓	📓	✏️	📓	📓	✏️	📓
◎	○	○					

🦒	🐕	🐔	🦒	🐕	🐔	🦒	🐕
1	2	3					

규칙에 따라 나타내요

규칙은 여러 가지 방법으로 나타낼 수 있어요.
보기 처럼 규칙에 따라 알맞은 기호를 써 보세요.

보기							
🤖	🤖	👧	🤖	🤖	👧	🤖	🤖
✕	✕	╱	✕	✕	╱	✕	✕

10	500	500	10	500	500	10	500
+	−	−					

컵	컵	컵	컵	컵	컵	컵	컵
>	<						

규칙에 따라 무늬를 꾸며요

알록달록 예쁜 무늬를 만드는 일은 어렵지 않아요.
보기 가 나타내는 규칙에 따라 무늬를 꾸며 보세요.

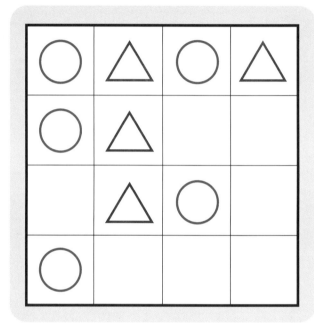

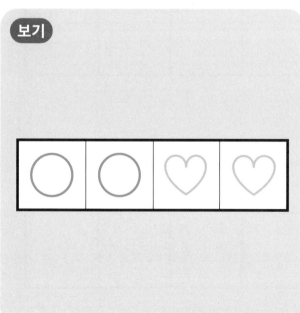

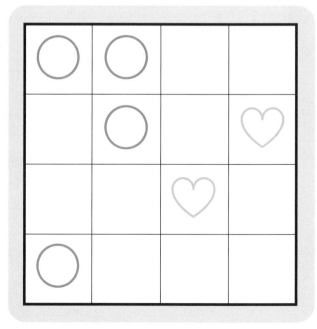

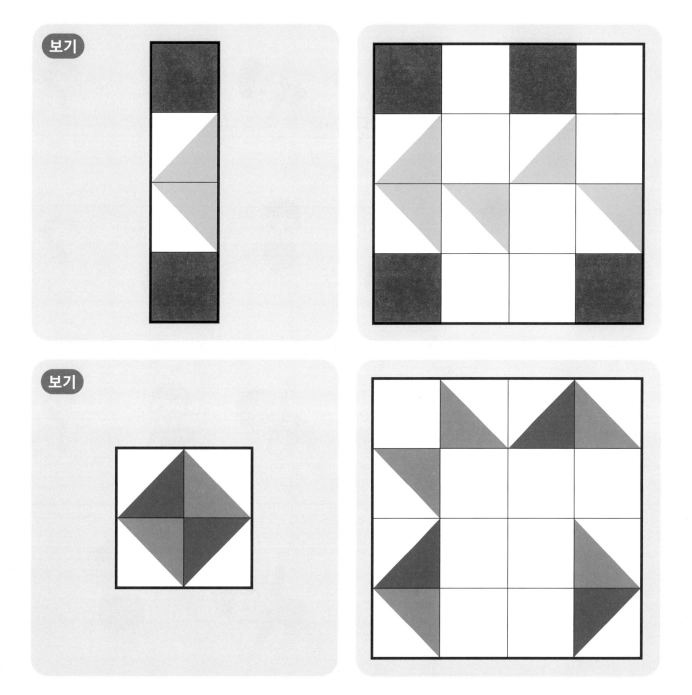

보기

보기

체조 동작의 규칙을 찾아요

몸 튼튼 마음 튼튼 체조 시간이에요.
친구의 모습을 잘 보고 알맞은 동작을 찾아 선으로 연결해 보세요.

간식을 따라 집으로 가요

헨젤과 그레텔이 마녀와 악어를 피해 집으로 가려고 해요.
간식이 놓인 순서를 잘 보고 규칙에 따라 집으로 가 보세요.

한 권으로 끝내는 도형 규칙

초판 1쇄 발행 2022년 6월 27일

지은이 김수현
그린이 전진희
펴낸이 민혜영
펴낸곳 (주)카시오페아 출판사
주소 서울시 마포구 월드컵로 14길 56, 2층
전화 02-303-5580 | 팩스 02-2179-8768
홈페이지 www.cassiopeiabook.com | 전자우편 editor@cassiopeiabook.com
출판등록 2012년 12월 27일 제2014-000277호
책임편집 최유진 | 외주디자인 산타클로스
편집1 최유진, 오희라 | 편집2 이호빈, 이수민, 진다영 | 디자인 이성희, 최예슬
마케팅 허경아, 홍수연, 이서우, 변승주

ⓒ김수현, 2022
ISBN 979-11-6827-047-3 63410